@SARAHFINK_OFFICIAL
SARAH FINK

DIE GEHEIME WELT DER STRASSENHUNDE

Neue Beobachtungen mit GPS-Messungen und was wir für unsere Hunde daraus lernen können

KOSMOS

INHALT

MEINE LEIDENSCHAFT – HUNDE!

Seit über 20 Jahren beobachte ich Straßenhunde in Südosteuropa. Seit bald acht Jahren mit meinem Mann Stefan an meiner Seite.

Sarah mit einem Welpen eines Kunden

Das erste Mal war ich als Kind mit etwa sieben oder acht Jahren in Rumänien. Meine Eltern fühlen sich einer Glaubensgemeinschaft zugehörig, mit der ich bis heute nicht viel anfangen kann, aber das Schöne war für mich daran, dass ich dadurch als Kind viel im Ausland war. Nachdem mich die religiösen Veranstaltungen allerdings schon damals nicht interessiert haben, habe ich statt im Veranstaltungssaal bei meinen Eltern zu sitzen, das gemacht, was ich heute immer noch leidenschaftlich mache – Hunde beobachten!

Meinen ersten Hund bekam ich im Alter von zwölf Jahren: Jessy, eine blonde, fast weiße Labradorhündin. Auf diese Art und Weise würde ich heute nie wieder einen Hund kaufen, aber ich war ein Kind, das Internet noch etwas relativ Neues und meine Eltern haben Jessy nach ein paar Telefonaten online gekauft. Sie wurde Anfang Juli, zu Beginn der Schulferien, an einem Sonntag aus Deutschland zu uns nach Hause in unsere Gemeindewohnung in Wien gebracht. Ich lag davor die ganze Nacht wach und lauschte, ob ich das Handy klingeln höre, da ich wusste, dass der Mann, der Jessy bringen würde, 15 Minuten vor seiner Ankunft anrufen würde. Um 6:00 Uhr morgens war es dann soweit. Meine Mutter und ich fuhren mit dem Aufzug aus dem 4. Stock hinunter. Wir gingen durch den Innenhof und dort sah ich das Auto mit dem deutschen Kennzeichen. Der Mann drückte mir Jessy in die Hand und von diesem Augenblick an waren wir unzertrennlich. Naja, das heißt aber natürlich nicht, dass immer alles harmonisch war. Direkt in der Wohnung angekommen, machte Jessy einen Haufen in mein Zimmer und war später für viele schlechte Noten in der Schule verantwortlich, weil die Schule mich ab dem Moment noch weniger interessierte als ohnehin schon.

Hundetraining hat mich schon immer wahnsinnig interessiert und Jessy musste ich komplett allein erziehen. Das war die Bedingung meiner Eltern, sonst hätte ich keinen Hund bekommen.

Ich weiß, dass die meisten Kinder und Jugendlichen ihren Eltern sagen, dass sie alles mit dem Hund machen werden, wenn sie sich einen Hund wünschen. Die Arbeit mit dem Hund bleibt dann im Endeffekt aber an den Eltern hängen. Das war bei uns nicht so. Ich wollte gar nicht, dass meine Eltern mit Jessy trainieren, weil ich Angst hatte, sie könnten meine Erziehungserfolge mit ihrer Inkonsequenz zunichte machen. Damals gab es noch kein Amazon und ich hatte ziemlich schnell alle Hundeerziehungsbücher, die ich in Katalogen oder Buchhandlungen finden konnte, gelesen. Ich war als Kind immer schon etwas speziell. Alles drehte sich bei mir nur um Tiere. Mit Jessy durfte ich zweimal pro Woche in einer privaten Hundegruppe von Leuten mittrainieren, die früher zur Rettungshundestaffel gehörten. Für die richtige Rettungshundestaffel war ich damals noch zu jung.

Ich wollte Hundetrainerin werden, aber jeder erklärte mir, dass Hundetraining nur ein Hobby wäre und kein Beruf. Mir hat es jedoch solchen Spaß gemacht, dass ich jede Gelegenheit nutzte, Freunden, Bekannten, Nachbarn usw. bei der Erziehung ihrer Hunde zu helfen. Ich ging mit sämtlichen Nachbarshunden gratis spazieren und brachte ihnen alle möglichen Dinge bei. Später fing ich an, Babysitten zu gehen und konnte mir von diesem Geld ein eigenes Pferd kaufen: ein unreitbares Problempferd vom Schlachter. Das wiederum brachte mich auf die Idee, dass ich ja Pferde-

Bei uns auf den Kanalinseln

Pflegehunde begleiten uns häufig.

training als Beruf ausüben könnte, wenn Hundetraining angeblich kein Beruf wäre, und ich bildete mich in diese Richtung weiter.

Mit 23 Jahren macht ich mich dann nach zwei Jahren Praktikum und vielen Fortbildungen als Pferdetrainerin selbstständig. Aber die Hundewelt hat mich nie losgelassen!

Parallel zum Pferdetraining gab ich trotzdem immer meinen Pferdekundinnen und -kunden Tipps mit ihren Hunden, trainierte viel mit Jessy, plante jeden Urlaub so, dass ich Straßenhunde beobachten konnte, und unterstützte Tierheime im Ausland mit Training. Zu sagen, alle Fortbildungen und Seminare, die ich je gemacht habe, hätten mich nicht weitergebracht, wäre gelogen. Ich schaue mir auch jetzt noch regelmäßig alle möglichen Seminare zum Thema Hundetraining an. Trotzdem würde ich sagen, dass ich das meiste über Hunde aus der Beobachtung von Straßenhunden und durch das Training mit sehr schwierigen Tierheimhunden gelernt habe.

In diesem Buch möchte ich meine neuesten Beobachtungen und Gedanken dazu mit euch teilen! Ich nehme euch mit auf meine spannende Reise durch fünf Länder, in denen ich mit meinem Mann Stefan Straßenhunde beobachtet und getrackt habe. Viel Spaß beim Lesen!

Sarah Fink

ES GEHT LOS

EINE GANZ BESONDERE TOUR

Mein Mann und ich fahren jedes Jahr mehrere Monate durch Osteuropa, um Straßenhunde zu beobachten und um Tierheimen mit ihren Problemfällen zu helfen. Aber diese Tour war eine ganz besondere, und mir war nicht bewusst, dass sie meine Sicht auf Hunde so nachhaltig prägen würde!

In diesem Buch möchte ich die Geschichten der Hunde mit dir teilen, die mich am meisten fasziniert haben!

DER EINSATZ VON HALSBÄNDERN MIT GPS- UND AKTIVITÄTSTRACKERN

Dieses Mal hatten wir zum ersten Mal Halsbänder mit GPS- und Aktivitätstrackern dabei. Wir haben lange überlegt, wie lange wir die Halsbänder an den Hunden lassen sollen. Ich wusste zu dem Zeitpunkt noch nicht, wie kompliziert und nervenaufreibend es sein würde, Straßenhunde mit diesen Halsbändern auszustatten, und habe mich damals gefragt, warum das sonst niemand macht, mit Ausnahme von der einen oder anderen Studie. Die Daten sind ja wirklich sehr interessant, und es eröffnet ganz neue Möglichkeiten in der Beobachtung des Sozialverhaltens von frei lebenden Hunden. Mittlerweile kenne ich die Antwort. Aber dazu später mehr.

Tägliches Ritual: Tracking-Daten auslesen gegen ein Stück Wurst

Wir haben immer wieder getestet, die Halsbänder länger an den Hunden zu lassen, sind aber zu dem Ergebnis gekommen, dass die meisten Straßenhunde ihre Routinen haben. An manchen Tagen ist mehr Action angesagt, an manchen weniger, aber wenn wir 3 bis 4 volle Tage getrackt hatten, konnten wir davon ausgehen, dass sich die nächsten 30 Tage nicht allzu sehr von diesen 3 bis 4 Tagen unterscheiden werden. Die Hunde haben ihre Routinen, ihre Spielgefährten, ihre Wege, die sie häufig gehen, und ihre Stammplätze. Darum war unser Ziel immer 3 bis 4 volle Tage (à 24 Stunden) in das Leben der einzelnen Hunde einzutauchen.

Wir wollten auch keine Studie daraus machen. Es gibt durchaus ein paar Studien zu dem Thema und ich bin keine Wissenschaftlerin, sondern Hundetrainerin und Beobachterin. Unser Ziel war es, noch tiefer in das Leben einzelner Hunde hinein zu zoomen und in ihre Welt einzutauchen: einzelne Hunde über einige Tage zu begleiten und zu erfahren, wie sie leben. Wir wollten keine Studie, wie viele Stunden Hunde im Durchschnitt aktiv sind, ö. Ä. Zum einen gibt es ähnliche Studien und zum anderen sagt es ja wenig über den einzelnen Hund aus.

Hunde können leider weder sprechen noch schreiben, darum wollen wir ihnen eine Stimme geben. Die Geschichten, die sie erleben, erzählen und dazu beitragen, dass sie noch besser verstanden werden, in einer Welt, die immer schneller wird.

Wir hatten den Plan, in mindestens fünf verschiedenen Ländern Straßenhunde mit GPS-Halsbändern auszustatten; maximal 2 bis 3 Hunde gleichzeitig, damit wir genügend Zeit hätten, den Hunden unauffällig zu folgen und parallel zu den Aufzeichnungen zusätzlich ihr Verhalten beobachten können. Also sind wir ganz naiv mit sieben Halsbändern gestartet und dachten, bei sieben Halsbändern haben wir noch ein Backup von 4 bis 5 Stück, sollte das eine oder andere verloren gehen.

DIE REISE BEGINNT

2
FARO

Bow, Seite 25

Hier haben wir getrackt und Hunde beobachtet.

1
ODEMIRA

Fox, Seite 23

Lizzy, Seite 24

VON DEN KANAL-INSELN NACH SPANIEN UND PORTUGAL

Dritter Dezember 2022. Wir sind in unserem Haus auf den Kanalinseln zwischen England und Frankreich, wo wir seit einigen Jahren Trainingsurlaube für Hundehalterinnen und -halter abseits von der Hektik des Alltags anbieten, rennen im Haus auf und ab, hoch und runter, und packen noch die letzten Sachen ein. Alles, was man für sechs Monate Tour eben brauchen könnte: Winterjacken, Stiefel, Heizjacke, Bikini, kurze Hose, Sonnenhut … Wir wussten, dass es in Rumänien sehr kalt sein würde, in Kroatien im Frühling aber auch oft schon richtig heiß ist. Gegen Mittag geht unsere Fähre aufs Festland und von dort aus fahren wir weiter mit dem Auto nach Spanien. Es ist erst Dezember und schrecklich kalt. Viele der Häuser in Portugal und Spanien sind nicht für kalte Temperaturen ausgelegt, also frieren wir in fast jeder Unterkunft.

Tatsächlich haben wir Straßenhunde bisher immer in Osteuropa beobachtet, also in Ländern wie Rumänien, Bosnien, Bulgarien, Griechenland, Türkei, Polen, nie aber im Westen, in Spanien oder Portugal. Darum wollten wir dieses Mal unbedingt diese Länder bereisen.

Im Vergleich dazu, was wir aus Bosnien, Bulgarien, Rumänien oder der Türkei gewohnt waren, waren sowohl Spanien als auch Portugal eher ein Flop, um Straßenhunde zu beobachten. Es gab zwar den einen oder anderen Straßenhund, aber überwiegend sehr scheue Tiere und den meisten sah man an, dass es ausgesetzte Jagdhunde waren. Viele Menschen haben Podencos in kleinen Anhängern, die von Autos gezogen werden, oder die Hunde leben in winzigen Zwingern vor dem Haus. Die Haltungsbedingungen – besonders der „Haushunde“ – zu sehen war traurig.

Wir waren aber darauf aus, „echte“ Straßenhunde zu beobachten, also Hunde, die seit Generationen frei leben.

FOX – EIN STRASSENHUND STELLT HUNDEBÜCHER INFRAGE!

Relativ weit im Süden von Portugal bei Odemira fanden wir dann endlich einen Hund, der nicht frisch ausgesetzt war, sondern laut Aussagen der Bewohner der Umgebung schon lange hier lebte. Fox war ein etwa 3 bis 5 Jahre alter Rüde, unkastriert. Wir hatten zuvor unzählige Hotels und Airbnbs in Portugal angeschrieben und gefragt, ob es in der Gegend um die Unterkunft Straßenhunde gebe. Fast immer hatten wir darauf dieselbe Antwort bekommen: „Die Nachbarn haben Hunde, die frei herumlaufen dürfen, es gibt ein paar ausgesetzte Hunde, aber Straßenhunde, die schon seit Jahren frei in der Gegend leben, gibt es nicht."

In dem kleinen Dorf bei Odemira war das anders. Hier gab es einen dorfbekannten namenlosen Straßenhund, der seit Jahren durch die Gegend streunte. Die Unterkunft, in der wir die nächsten eineinhalb Wochen verbrachten, war ein Reiterhof,

Straßenhund Fox mit GPS-Halsband bei Odemira, Portugal

und „Fox“, wie wir den Straßenhund nannten, war bekannt dafür, alle paar Tage vorbeizuschauen und mit dem Hund der Reitlehrerin zu spielen.

Natürlich kam er gerade die ersten Tage unseres Aufenthalts nicht zum Reiterhof. Wir hatten die Zeit aber genutzt und „Lizzy“, eine 8 Jahre alte Hündin getrackt, die einer Mitarbeiterin des Reiterhofes gehörte und fünf Minuten zu Fuß entfernt wohnte. Lizzy wurde aus dem Tierschutz übernommen, sie war ein sehr ruhiger, introvertierter Hund und hielt sich die meiste Zeit vor dem ländlichen Haus der Besitzerin auf.

Das Gartentor war immer offen. Lizzy konnte kommen und gehen, wie sie mochte. Gelegentlich ging sie allein zum Reithof, wo ihre Besitzerin arbeitete. Die meiste Zeit aber verbrachte sie vor „ihrem“ Haus.

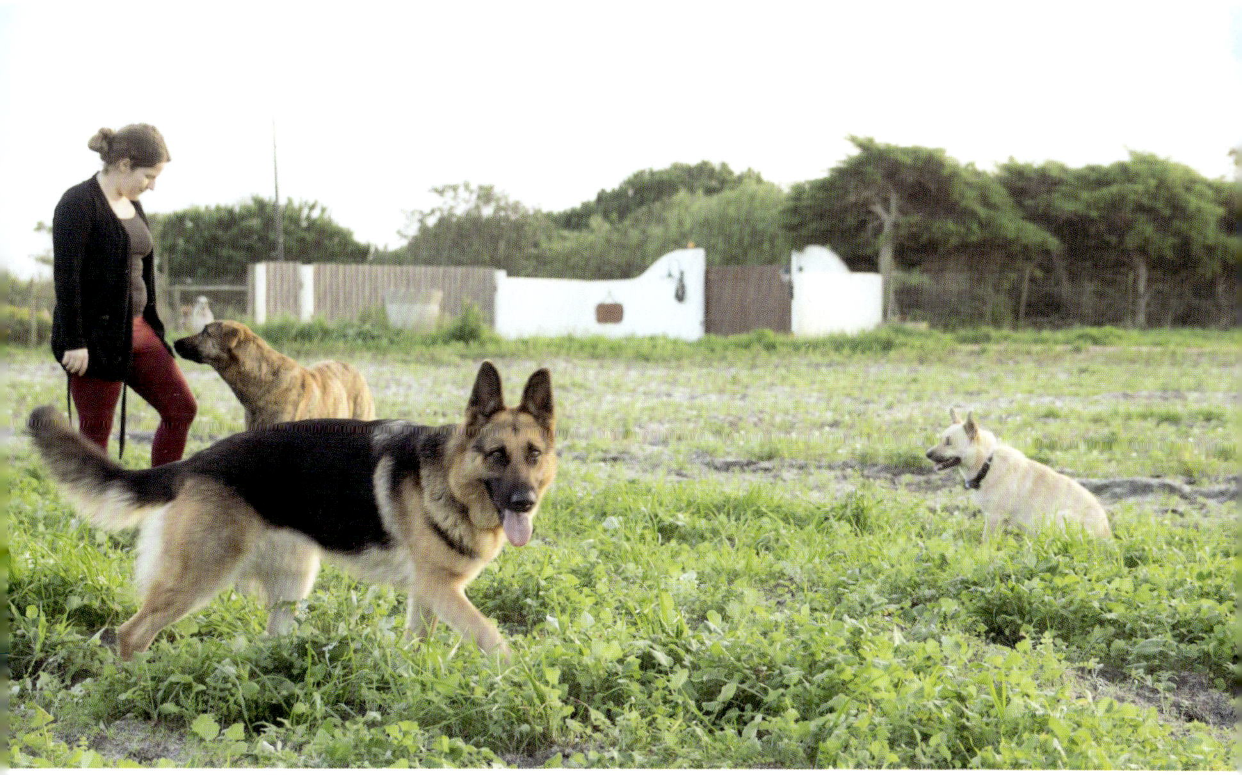

Straßenhund Fox mit den Haushunden einer deutschen Auswanderin und deren Nachbarn

Wie würde sich ihr Verhalten von dem der Straßenhunde ohne Bezugspersonen oder dem Verhalten von Arbeitshunden unterscheiden? Zu diesem Zeitpunkt hatten wir noch keine Ahnung!

Am dritten Tag in der Früh kam Fox, der Straßenhund, auf den wir so lange gewartet hatten, endlich vorbei! Fox war aufgeweckt, neugierig und verspielt, aber auch vorsichtig und scheu. Man merkte, dass er von seinem Naturell her eigentlich ein Clown und ein bisschen ein Macho war, ihm aber die Erfahrung mit Menschen fehlte bzw. vielleicht hatte er auch schlechte Erfahrungen gemacht.

Mit dem Hund der Reitlehrerin spielte er ausgelassen, wild und teilweise etwas grob. Vor Yari, meiner Border-Collie-Hündin, hatte er zuerst das Weite gesucht, obwohl Yari kein aufdringlicher oder dominanter Hund ist. Sehr schnell war aber auch hier das Eis gebrochen und er hatte wild mit ihr gespielt!

Für Menschen interessierte sich Fox nicht so richtig. Er schaute zwar, ob er Futter bekommen konnte, und wusste, welche Menschen immer etwas für ihn dabeihatten, aber das war es dann auch schon wieder. Berühren lassen wollte er sich nicht und er war generell scheu, sobald Menschen mit ihm mehr interagieren wollten. Dass er bei mir skeptisch war, verstand ich. Spannend war jedoch, dass er sich auch absolut nicht von Menschen anfassen lassen wollte, die ihn seit Jahren fütterten.

Das ist recht ungewöhnlich. Von Straßenhunden aus anderen Ländern oder Tierschutzhunden kenne ich entweder Charaktere, die grundsätzlich neugierig, verspielt und extrovertiert sind wie Fox und die in der Regel sehr schnell und einfach auftauen, oder Hunde, die sehr verschlossen sind, und bei denen man viel Erfahrung braucht, um ihnen zu zeigen, dass Menschen doch recht nett sind.

Die charakterliche Kombination von Fox, extrovertiert, verspielt, sehr neugierig und trotzdem so zurückhaltend und desinteressiert am Menschen, war also ungewöhnlich. Die meisten Hunde mit einem so neugierigen, extrovertierten Charakter schließen sich schnell Menschen an. Generell bevorzugen die meisten Hunde aufgrund ihrer außergewöhnlich langen Domestikationsgeschichte Menschen als Sozialpartner und nicht ihre Artgenossen. Das sehen wir bei vielen Straßenhunden immer wieder, die uns dann nicht mehr von der Seite weichen und uns überallhin begleiten, wenn wir häufiger auf denselben Plätzen spazieren gehen. Fox jedoch war anders und fand nur Hunde toll. Dementsprechend schwierig war es auch, ihm das Tracking-Halsband anzuziehen. Noch dazu war Fox der erste Straßenhund, dem wir ein Tracking-Halsband angelegt hatten. Heute, viele Straßenhunde später, habe ich so meine Tricks und Techniken, wie man die Halsbänder gut anziehen kann. Bei Fox hatte ich aber fast einen ganzen Tag lang gebraucht. Etliche Wurstscheiben später hatte er dann aber sein Halsband an, und wir durften in eine ganz neue Welt eintauchen. Seine Welt!

Am ersten Abend führte er uns zu einem Feld, in einem Dorf in der Nähe des Reiterhofes, den er oft besuchte. Wie sich herausstellen sollte, war das sein „Haupt-

Frei lebender Hofhund Lizzy bei Odemira

wohnsitz". Dort verbrachte er die meiste Zeit und war durchaus bekannt. Weil ich sichergehen wollte, dass ich das Halsband in ein paar Tagen auch wieder abnehmen kann, brachte ich Fox am ersten Abend noch eine Wurstscheibe vorbei, um mich beliebt zu machen. Danach filmten wir ihn vom Auto aus noch unauffällig. Unauffällig für Fox. Die Leute in dem Dorf hatten natürlich schnell unser Auto mit dem ungewöhnlichen Kennzeichen bemerkt und eine ältere Dame war gleich zum Zaun gekommen. Sie fragte, ob wir den Hund einfangen wollten – sie kannte ihn seit Jahren, gab ihm jeden Tag etwas zu fressen, hatte selbst Haushunde und fürchtete, dass wir ihm etwas antun wollten. Zum Glück konnte sie recht gut Englisch und wir hatten ihr an den darauffolgenden Tagen immer wieder gezeigt, was Fox so erlebt hatte, wo er sich untertags aufhielt und wie viel er spazieren ging.
Am nächsten Tag dachte ich, ich hätte durch Fox noch einen weiteren Straßenhund getroffen. Und zwar auf demselben Feld, auf dem sich Fox die meiste Zeit aufhielt. Nachdem wir mit den Anwohnern gesprochen hatten, stellte sich aber schnell heraus, dass der vermeintliche Straßenhund der Hund einer ausgewanderten Deutschen war, der frei herumlaufen durfte.

Fox spielt mit dem Haushund einer deutschen Auswanderin.

Zwar nicht in diesem Ort, aber in anderen Orten und Ländern haben wir immer wieder die Erfahrung gemacht, dass Menschen sehr skeptisch sind, wenn sie uns sehen, weil sie oft die Erfahrung gemacht haben, dass Touristen *ihre* Hunde stehlen bzw. „retten" in der Annahme, es seien Straßenhunde.

Was Fox anging, war es sehr spannend ihn zu beobachten! So oft habe ich auf Fortbildungen und in Seminaren gehört oder in Büchern gelesen, dass erwachsene Hunde von Natur aus wenig oder gar nicht spielen würden. Fox hatte gleich einmal mit all diesen Behauptungen aufgeräumt und hatte den ganzen Tag nichts anderes im Kopf als von einem Dorfhund zum anderen zu laufen und mit allen zu spielen. Selbst wenn Leute mit ihren Hunden an der Leine durchs Dorf gegangen waren und er die Hunde kannte, war er hingelaufen und hatte mit den angeleinten Hunden gespielt!

Das Maximum, das wir aufgezeichnet hatten, waren 85 Minuten reine Spielzeit pro Tag, also knapp 1,5 Stunden. Dazu kamen noch knapp zwei Stunden Rennen. Rennen beobachteten wir bei Fox ausschließlich – und sehr häufig und leidenschaftlich – in einem spielerischen Kontext. (Er ist nie besonders schnell von A nach B gerannt und hatte auch keine jagdlichen Ambitionen.) Diese Daten musste man bei Fox also auch zum Spielverhalten zählen. Fox liebte Rennspiele und so kamen wir auf eine Gesamtspielzeit von bis zu 3,5 Stunden! Die 3,4 Stunden „Spazierengehen" sind noch nicht eingerechnet.

Dass manche Straßenhunde so aktiv sind, hätte ich persönlich nie gedacht, obwohl wir Straßenhunde seit vielen Jahren beobachten. Die ruhigeren Kandidaten, die es natürlich auch gibt, kann man oft den ganzen Tag gut beobachten. Aber bei den aktiveren Hunden gibt es meist schnell einen Punkt, an dem man sie nicht mehr verfolgen kann, z. B. weil sie durch ein privates Grundstück laufen und man sie aus den Augen verliert. Aber dann weiß ich nicht, ob sie sich irgendwo zum Schlafen hinlegen oder noch 3 Stunden weiterspielen. Durch den GPS-Tracker konnten wir zum einen Fox immer verfolgen und auch schnell wiederfinden und weiter beobachten, wenn er z. B. durch ein privates Grundstück gelaufen war und wir ihn aus den Augen verloren hatten. Zum anderen misst der Aktivitätstracker 24 Stunden die Aktivität. Auch um 3:00 Uhr nachts, als Fox beschlossen hatte, dass jetzt ein guter Zeitpunkt wäre, mit seinen Freunden zu spielen, und ich in unserem Apartment tief und fest geschlafen hatte.

Insgesamt war Fox 155 bis 405 Minuten/Tag hochaktiv. Hochaktiv bedeutet von A nach B zu gehen, zu rennen und zu spielen. Geschlafen hat er etwa 9 bis 10 Stunden/Tag und mit ruhiger Aktivität wie Schnüffeln, Beobachten etc. war er 8 bis 11 Stunden/Tag beschäftigt.

Wichtig ist bei den Aufzeichnungen des Aktivitätstrackers immer, die Beobachtungen mit den Aufzeichnungen zu kombinieren. In Fox' Fall hatten wir gesehen, dass

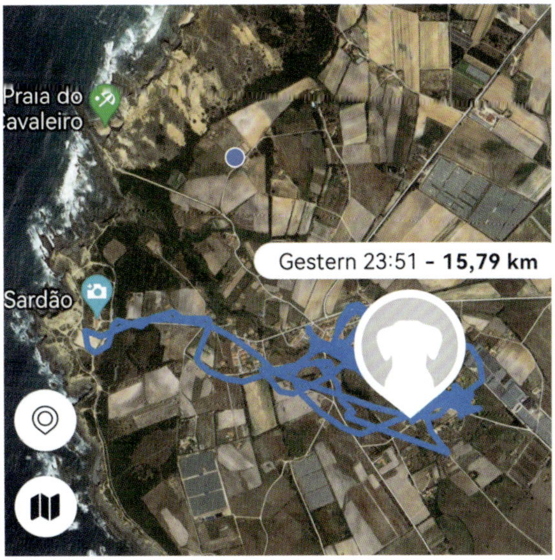

schnelles Rennen fast ausschließlich im Spiel gezeigt wurde. Wir konnten es also zum Spielen hinzuaddieren. Der Aktivitätstracker weiß nicht, was der Hund macht. Er misst nur eine sehr schnelle Laufbewegung. Bei anderen Hunden, die wir später noch kennenlernen sollten, war das, was der Tracker als „Rennen", aufgezeichnet hatte, aber z. B. Autojagen, Jagdverhalten allgemein, das Zurücklegen von Strecken etc.

NICHT JEDER HUND IST WIE FOX!

Während wir bei Fox ein paar Tage fasziniert beobachtet hatten, wie er von Spielbuddy zu Spielbuddy lief, hatte Lizzy, die acht Jahre alte Hündin der Mitarbeiterin im Stall, nicht gerade viel gemacht.

Sie war 75 bis 205 Minuten/Tag hochaktiv. Das klingt zwar nach viel. Knapp 3,5 Stunden sind auch viel für einen eher introvertierten, älteren Hund, allerdings hatte Lizzy kaum gespielt und war selten bis nie gerannt. Pro Tag hatte sie maximal 15 Minuten gespielt und war maximal 5 Minuten gerannt. Oft war sie aber weder gerannt noch hatte sie gespielt, sondern war einfach nur unspektakulär von A nach B gegangen.

Ganz im Gegensatz zu Fox. Fox wollte immer spielen und rennen! Und während Lizzy nur die Verwandten ihrer Besitzerin in der Nachbarschaft besucht hatte, war Fox täglich 10 bis 15 Kilometer weit spazieren! Aber auch er hatte ein „Zuhause", einen Ort, wo er sich die meiste Zeit aufhielt: das Feld, auf dem seine beste Hundefreundin, der Mischling der deutschen Auswanderin, wohnte.

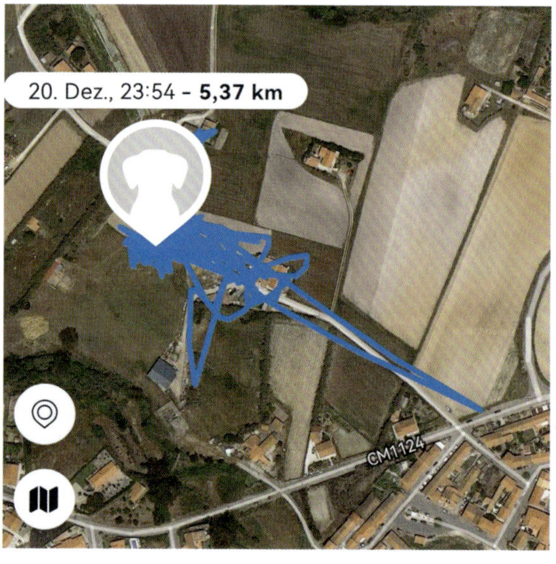

BOW, DER HOFHUND

Nachdem wir Fox und Lizzy von ihren Halsbändern befreit hatten, hatten wir Bow kennengelernt. Sie war der Hofhund eines anderen Apartments. Bow, eine junge, schüchterne Jagdhund-Mix-Hündin, war zwar deutlich aktiver als Lizzy, rund 2 Stunden/Tag hohe Aktivität hatte der Aktivitätstracker gemessen, aber sie war noch weniger unterwegs als Lizzy! Sie hatte sich überhaupt nicht vom Grundstück entfernt, obwohl es keinen Zaun gab und ihr das nie jemand beigebracht hatte.

Ob das ein Muster war? Ob Straßenhunde eher herumstreunen, vielleicht weil sie keine Bezugspersonen haben, und Hofhunde tendenziell eher beim Hof bleiben? Oder liegt es daran, dass Fox ein Rüde ist und Rüden eher herumstreunen und Hündinnen wie Lizzy und Bow eher an einem Ort bleiben?

Genau das wollten wir in den nächsten 5 bis 6 Monaten herausfinden!

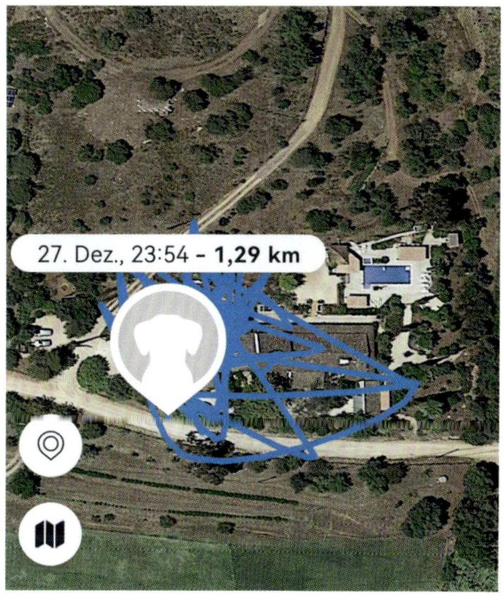

Nachdem wir in Portugal sonst nur sehr, sehr scheue Straßenhunde sahen, denen man unmöglich ein Halsband anziehen konnte oder Besitzerhunde, die frei herumlaufen durften (sie hatten wir gelegentlich auch zum Vergleich getrackt wie Lizzy und Bow, aber der Fokus lag auf den Straßenhunden), fuhren wir weiter. Im Norden Spaniens hatten wir bei der Hinfahrt keinen Straßenhund oder gar Straßenhunde-Gruppen gefunden.

Im Süden war es ähnlich. Weder in Algeciras, Gibraltar oder Malaga stießen wir auf Straßenhunde. Die Tierschutzvereine sind hier sehr aktiv und holen die Hunde von der Straße. Hier macht das auch Sinn, weil es in Spanien, im Gegensatz zu anderen Ländern, wenig richtige Straßenhunde gibt, sondern vor allem ausgesetzte, ausrangierte Jagdhunde oder ungewollte Welpen von Kettenhunden.

Also fuhren wir weiter nach Rumänien. In Rumänien beobachten wir schon seit Jahren Straßenhunde, dementsprechend einfach würde es sein, dort Hunde zu tracken, das dachten wir zu dem Zeitpunkt zumindest!

AUF NACH RUMÄNIEN

5
ONESTI –
DIE HUNDE DER HIRTEN

Schwarzer Hütehund, Seite 63
Weißer Hütehund, Seite 64
Herdenschutzhund, Seite 64

1
TIMISOARA

Tim, Seite 45

Hier haben wir getrackt und Hunde beobachtet.

6

KONSTANZA

Paarungen von Straßenhunden,
Seite 70

RUMÄNIEN – DAS PERFEKTE LAND ZUM TRACKEN!?

Nach vielen Kilometern von Spanien nach Rumänien durch verschneite Landschaften kamen wir in der Nähe von Timisoara/Rumänien an. Besonders in den kleinen Ortschaften um Timisoara haben wir in den Jahren davor immer viele Straßenhunde beobachtet. Gegen 18:00 Uhr gingen wir auf Hundesuche. Es war Winter und dementsprechend schon stockfinster, aber wir mussten nicht lange suchen. Vor einem Supermarkt saß ein kleiner Straßenhund und bettelte. Die Hündin war etwas schüchtern, also setzte ich mich mit etwas Wurst neben sie, um ihr Vertrauen Stück für Stück zu gewinnen und ihr ein Halsband anziehen zu können.

In Rumänien sind die meisten Straßenhunde deutlich scheuer als z. B. in Griechenland oder der Türkei. Kein Wunder. Nachdem 2013 der vierjährige Ionut angeblich von Straßenhunden getötet worden ist, wurde in Rumänien eine Massentötung der Straßenhunde veranlasst. Die Regierung hatte eine große mediale Propagandaaktion gestartet und den Tod von Ionut als Anlass genommen. Auch wenn später bekannt wurde, dass Ionut gar nicht von Straßenhunden, sondern von Wachhunden einer Firma getötet worden war. Diese Information wurde aber von den nationalen Medien weitgehend ignoriert.

Obwohl wir mehrere Monate jedes Jahr Straßenhunde beobachten, waren wir erst einmal in der Situation, dass uns ein Straßenhund ernsthaft aggressiv begegnet ist. Nichtsdestotrotz hat diese Massentötung, bei der ein Großteil der Straßenhundepopulation auf einen Schlag getötet wurde, dafür gesorgt, dass nur die scheuesten Hunde überlebt haben. Die zugänglichen, aufgeschlossenen oder aufmüpfigen Hunde waren die ersten, um deren Hälse sich die Schlingen der Hundefänger zuzogen.

Rarer Moment eines uns gegenüber aggressiven und offenbar kranken Straßenhundes

Straßenhündin Sissy mit GPS-Halsband vor einem Supermarkt bei Timisoara

Und nachdem auch Charakterzüge wie Misstrauen gegenüber Fremden, territoriales Verhalten, Aufgeschlossenheit oder massive Scheu vererbbar sind, wundert es mich nicht, dass besonders in Rumänien sehr viele Straßenhunde misstrauisch, scheu und oft deutlich ängstlicher sind als ihre Artgenossen in anderen Ländern.

Die Hündin, die ich tracken wollte, war zwar scheu, es wäre aber gar nicht so schwierig gewesen, ihr mit etwas Geduld das Halsband anzuziehen, wäre da nicht ein Rumäne dazugekommen, der etwas Deutsch sprach, weil er früher einige Jahre in Deutschland gearbeitet hatte. Er fragte erst, was wir da machten, und erklärte uns dann, dass er Hunde mögen und das mit den Straßenhunden sehr interessant fände, und wollte mir ständig helfen, der Hündin das Halsband anzuziehen. Aber er hatte nicht viel Feingefühl und es endete damit, dass er zwar verstand, dass ich das selbst machen wollte, er aber jedes Mal genau in dem Moment, wenn ich der Hündin das Halsband fast angezogen hatte, uns wie bei einem Fußballspiel anfeuerte. Zum Glück war die Hündin von meiner Wurst begeistert und irgendwann hatte ich es dann endlich geschafft.

„GESCHAFFT!", DACHTE ICH

SISSY AUS TIMISOARA

Wir beobachteten die Hündin, die wir Sissy nannten, noch einige Stunden aus der Ferne, wie sie vor dem Supermarkt saß. Um 20:00 Uhr schloss der Laden und die Hündin spazierte noch ein bisschen durch den Ort. Wir folgten ihr eine kleine Strecke und fuhren dann in unser Apartment.
Aus der Ferne beobachteten wir, was Sissy so machte bzw. wo sie sich aufhielt. Uns fiel auf, dass sie die meiste Zeit des Tages am Rand des Dorfes war. Am nächsten Tag fuhren wir also dorthin und sahen sie auch mit einem anderen Hund spielen, konnten jedoch nicht aussteigen, weil ein Herdenschutzhund unsere Anwesenheit gar nicht lustig fand. Also beobachteten wir „unseren" Straßenhund mit etwas Abstand aus dem Auto.

Auch Sissy spielte gern, aber bei Weitem nicht so viel wie Fox (siehe Seite 23). Nachdem auch diese Hündin Rennspiele mochte und keine Autos o. Ä. jagte, werteten wir auch bei ihr das, was der Aktivitätstracker als „Rennen" aufzeichnet, als spielen. Sie spielte rund 25 Minuten/Tag, was zwar deutlich weniger war als bei Fox, aber mehr als ich erwartet hätte. Sissy war ähnlich „ortstreu" wie Lizzy. Sie ging nicht sonderlich weit spazieren und blieb immer in einem bestimmten Bereich des Dorfes.

Am nächsten Tag fuhren wir wieder hin. Diesmal war der Herdenschutzhund nicht da und wir stiegen aus. Es war das Armenviertel des Dorfes. Die Einheimischen nennen es das „Zigeunerviertel". Ich ging zu ein paar Jugendlichen und versuchte mit Google Übersetzer und den paar Wörtern, die ich auf Rumänisch gelernt hatte, zu fragen, ob sie meinen neuen Tracking-Hund kannten. Wir hatten Glück und ein Mädchen sprach sowohl Englisch als auch Deutsch. Sie studierte in Deutschland und war gerade auf Heimatbesuch. Das hätte ich nicht erwartet!
Die Häuser wirkten eher wie alte einsturzgefährdete Ställe und der „Garten" bzw. der Platz um das Haus herum – als Garten konnte man das nicht bezeichnen – sah aus wie ein Sperrmüllplatz. Hier lag alles: von ausrangierten Betten, über kaputte Kästen, ein alter Grill, Kartons, Bretter. Man konnte fast nicht durch den Garten gehen und obwohl ich Sissy mit dem GPS-Halsband sehr genau orten konnte, war es unmöglich, die Hündin zu finden. Sie hätte überall sein können. Unter einem Kasten, zwischen den Kartons oder in dem offenen Schuppen.
Aber die Jugendlichen waren überaus interessiert, und es bildete sich innerhalb von Minuten eine Traube von etwa 20 Jugendlichen um mich herum. Mein Handy mit Fotos von Sissy wurde im Kreis gereicht und sie glaubten, den Hund schon öfter gesehen zu haben. Es gab hier natürlich einige Hunde. Wir tauschten Nummern aus und sie versprachen sich zu melden, wenn sie den Hund wieder sehen würden. Schnell stellte sich dann aber heraus, dass Sissy die Lieblingsstraßenhündin einer etwa 80-jährigen Frau war, die sie fütterte. Kein Wunder also, dass die Hündin ständig dort war. Ich versicherte den Jugendlichen, dass wir das Halsband wieder mitnehmen würden, wir hatten es Sissy ja nur angezogen, weil wir dachten, sie wäre ein „richtiger" Straßenhund.

Der Übergang von Straßenhunden zu Haushunden ist fließend.

Die alte Frau hatte das mitbekommen und die Hündin ins Haus geholt. Als sie uns sah, kam sie heraus und schrie mich auf Rumänisch an. Ich verstand sie zwar nicht, aber so laut und aggressiv, wie es klang, war es wohl nichts Nettes. Die deutschsprachige Studentin versuchte, sie zu beruhigen, aber sie schrie nur völlig aufgebracht weiter. Nachdem sie die Tür zugeknallt hatte, erklärte mir unsere neue Dolmetscherin, dass die alte Frau mich – wie ich es schon geahnt hatte – mit allen Ausdrücken, die sie kannte, beschimpft hatte. Es war ihr Lieblingsstraßenhund und sie dachte, wir wollten die Hündin fangen und verkaufen. So hatte sie das offenbar schon öfters mit anderen Hunden erlebt, wenn deutschsprachige Fremde gekommen waren. Dass wir die Hündin gar nicht fangen wollten, hatte sie nicht mitbekommen, weil es unmöglich war, zu Wort zu kommen.

Ich vereinbarte mit den Jugendlichen, dass sie das Halsband abnehmen, sobald die Hündin wieder draußen wäre, und ich es dann abholen würde. Und das machten sie dann auch. Allerdings forderten sie nun 50 Euro für das Halsband. Davor wollten sie schon, dass ich ihnen eine Autotankfüllung zahle. Wir hatten beim ersten Kontakt den Fehler gemacht und der Studentin für ein bisschen Hilfe eine Pralinenschachtel geschenkt. Deutschsprachige Fremde werden in Rumänien sowieso als reich angesehen und wenn man dann freundlich auf die Menschen zugeht und etwas gibt, wird schnell mehr gefordert. Diese Erfahrung haben wir in Rumänien immer wieder gemacht. Nicht mit allen Einheimischen, aber mit einigen.
Ich bluffte also und erzählte, dass wir an einem Forschungsprojekt einer Universität teilnehmen und ich mich zwar freuen würde, wenn ich das Halsband zurückbekäme, es aber auch nicht unbedingt brauchte, wenn sie es behalten wollten, es wäre wertlos. Die Universität könnte mir einfach ein neues schicken. Allerdings könnte ich ihnen gern ein paar Snacks für die Kinder der Familie im Tausch gegen das Halsband vorbeibringen.

In Wahrheit kostet ein GPS-Tracker etwa 50 Euro, der Aktivitätstracker nochmal 50 Euro, und das Halsband etwa 10 Euro. Alles in allem kostete uns ein Halsband

Einheimische geben ihren Lieblingshunden oft Halsbänder.

Manche Hunde dürfen sogar ins Haus.

also rund 110 Euro und wir hatten uns bewusst von niemandem sponsern lassen, sondern alles selbst finanziert.

Aber das wussten die Jugendlichen bei Timisoara zum Glück nicht und händigten mir das Halsband gegen ein paar Tüten Chips und etwas Schokolade aus.

Was uns im Nachhinein sehr zum Nachdenken brachte, als wir die Tage in Timisoara reflektierten, war, wie aggressiv und eigentlich besorgt die alte Frau wegen der Hündin war. Nie wären wir auf die Idee gekommen, Sissy könnte jemandem gehören, so allein wie sie mitten in der Nacht durchs Dorf streunte. Hätten wir oder Tierschützer sie aber mitgenommen, wäre für die alte Frau eine Welt zusammengebrochen.

WARUM WIR UNS SELBST FINANZIERT HABEN

Warum? Ganz einfach. Sobald du von jemandem gesponsert wirst, eine Studie im Auftrag eines Unternehmens machst etc., wäre es naiv zu denken, du könntest weiterhin sagen, was du möchtest. Die Firma, die dich finanziell unterstützt, hat natürlich Interessen, warum sie das tut, und die meisten Unternehmen werden dir deutlich signalisieren, was das Ergebnis deiner Beobachtungen oder Forschungen sein sollte. Wir wollten aber ganz unbefangen unsere Beobachtungen teilen und unabhängig bleiben. Hätte uns z. B. eine Hundefuttermarke mit Produkten mit hohem Eiweißanteil und ohne Getreide gesponsert, dann bin ich mir nicht sicher, ob ich in diesem Buch hätte schreiben dürfen, dass die meisten Hirten ihren großen 60 bis 80 Kilogramm schweren Herdenschutzhunden sehr viel Getreide, Brot oder oft auch Maisbrei füttern und diese laut den Hirten rund 13 bis 15 Jahre alt werden, während so große Rassen bei uns nur ein Alter von ca. 8 oder 9 Jahren erreichen.

CHILI – WIEDER KEIN „ECHTER" STRASSENHUND

Ein ähnliches Erlebnis hatten wir parallel zu Sissy. Wir hatten einem anderen Straßenhund ein Tracking-Halsband angezogen. Davor hatten wir uns bei einigen Einheimischen vergewissert, dass dieser Hund tatsächlich niemandem gehörte. Etwa fünf Stunden später orteten wir das Signal bei einem Gebäude immer an derselben Stelle. Wir waren uns nicht sicher, ob das Signal falsch geortet wurde, was bei vielen Gebäuden durchaus vorkommt, oder ob jemand das Halsband in einen Bach geworfen hatte und es nun unter der Erde in einem Kanalrohr steckte. Dort, wo es uns angezeigt wurde, war jedenfalls kein Hund weit und breit. Tagelang sahen wir, wie das Halsband von derselben Stelle aus ein Standortsignal schickte und der Akku schwächer und schwächer wurde. Ich dachte schon, es sei verloren. Nach fünf Tagen begann das Halsband sich aber wieder zu bewegen. Wir waren mittlerweile schon zwei Fahrstunden von Timisoara entfernt und plötzlich bewegte sich unser Halsband kreuz und quer durch die ganze Stadt.

Also fuhren wir zurück, gingen dem Signal nach und landeten in einem Laden für Friedhofszubehör. Dort wurden Kränze & Co. für Verstorbene verkauft. Ich fragte nach, ob jemand unseren getrackten Hund gesehen hätte. Die Eigentümerin des Ladens brachte mich daraufhin in einen Hinterhof und dort war tatsächlich „unser" Tracking-Hund. Der Hinterhof war auf einer Seite offen und der Hund konnte kommen und gehen, wie er wollte. Chili, wie wir diese Hündin nannten, gehörte – wieder einmal – einer älteren Frau. Diese konnte nicht lesen. In Rumänien gibt es sehr viele Analphabeten, besonders unter der älteren Bevölkerung. Darum hatte sie das Halsband abgenommen. Als eine Freundin ihr aber fünf Tage später vorgelesen hatte, was auf dem Halsband stand, hatte sie beschlossen, Chili das Halsband wie-

Straßenhündin Chili mit GPS-Halsband bei Timisoara, Rumänien

der anzuziehen und zu schauen was passieren würde. Auf jedem Halsband haben wir Infos, dass wir das Leben von Straßenhunden erforschen und diesen deshalb für ein paar Tage Halsbänder mit GPS-Sendern anlegen, den Hunden aber nichts passiert und wir sie nicht mitnehmen. Außerdem ist dort meine Telefonnummer genannt.
Ich nahm dem Hund das Halsband wieder ab. Die Rumänin fand unser Projekt sehr interessant und freute sich, dass sich noch andere Menschen für Hunde interessieren. Im Garten des Hinterhofs war auch noch ein anderer Welpe, um den sie sich kümmerte. Die Menschen haben hier nicht das Gefühl, dass ihnen ein Hund gehört und kaum jemand kauft gezielt einen Hund, sondern man kümmert sich um Lieblingsstraßenhunde und diese Hunde wohnen dann eben bei ihnen.

Stefan und ich waren frustriert. Es gibt so viele Hunde in Rumänien, aber gleich bei den ersten beiden, die wir tracken wollten, hatten wir keinen Erfolg, weil es eigentlich gar keine Straßenhunde waren. Irgendwie waren sie es ja doch: Niemand hatte sich die Hunde gekauft und sie lebten frei, jedoch hatten beide Hunde Bezugspersonen, die sich für sie zuständig fühlten.

FRAGEN ÜBER FRAGEN

Wir waren mittlerweile so oft in Ländern mit Straßenhunden gewesen und hatten das Verhalten von Hunden auf der Straße beobachtet und gefilmt. Wie viele dieser Hunde waren jedoch gar keine „echten" Straßenhunde und wir hatten es nicht einmal bemerkt?

Hier interessieren sich vier Rüden für eine läufige Hündin.

Während wir noch vor dem Geschäft für Friedhofszubehör im Auto saßen und miteinander über vermeintliche Straßenhunde philosophierten, schreckten wir plötzlich auf, als ein älterer Mann an unserem Auto vorbeiging und kurz fest am Türgriff riss. Es regnete und die Scheiben waren angelaufen. Er sah uns deshalb anscheinend nicht im Auto sitzen und wollte vielleicht sichergehen, ob dieses Auto mit dem ausländischen Kennzeichen abgeschlossen war oder, falls es offen wäre, nicht vielleicht etwas Wertvolles zu bieten hätte. Wir schlossen die Autotüren in manchen Orten Osteuropas allerdings auch, wann immer wir *im* Auto saßen. Als er uns durch das Fenster bemerkte, ging er mit einem verlegenen Lächeln langsam davon. Angst überfallen zu werden hatten wir in Osteuropa nie. Allerdings erlebten wir immer wieder, dass manche Menschen – wahrscheinlich durch die weitverbreitete Armut – solche Chancen ergreifen, wenn sie sich bieten, weshalb wir auf unsere persönlichen Gegenstände besonders achtgaben.

Eine andere Frage, die wir uns stellten war, wie viele der sogenannten „geretteten" Straßenhunde eigentlich gar keine Straßenhunde waren, und sie den Menschen, die sie liebten und versorgten, unwissentlich weggenommen wurden? Die meisten Tierschutzorganisationen haben ja nicht einmal die Zeit, Hunde tagelang zu beobachten. Andererseits sind es einfach zu viele Hunde und es muss ja etwas getan werden. Wenn ich aber an die beiden älteren Damen dachte, wie wichtig beiden „ihre" Hunde waren, und ich mir vorstellte, diese Hunde würden von heute auf morgen nicht mehr bei ihnen auftauchen, dann wurde mein Herz schwer. Sie würden nie erfahren, was mit den Hunden passiert wäre – ob sie verletzt oder tot im Straßengraben liegen oder auf einem Luxussofa in Deutschland.

Ein Hirte mit seinen Hunden bei Onesti, Rumänien

Hunde werden als „Alarmanlagen" gehalten.

EINE ANDERE ART DER HUNDEHALTUNG

Natürlich ist es eine andere Form der Hundehaltung und mit unserer im Westen nicht vergleichbar. In Rumänien fliegt auch mal ein Stein in Richtung des eigenen Hundes, wenn er ständig bellt, während man sich unterhalten möchte. Nicht mit der Absicht, ihn zu erschlagen oder zu verletzen, sondern um das Bellen zu stoppen. Das ist zugegeben befremdlich, wenn man die Art der Hundehaltung nur aus Zentraleuropa kennt. Aber ich finde nicht, dass hier alles schlecht und im deutschsprachigen Raum alles perfekt ist. Nicht ansatzweise.

Ich denke, wir können voneinander lernen. Tierquälerei gibt es sowohl in Rumänien, als auch in England, Deutschland, Österreich und Co. Nur hat sie in Bezug auf Hunde ein anderes Gesicht. Viele Hunde meiner Kunden sind so hochgepuscht, aufgeregt und überreizt, dass es wirklich nicht mehr schön ist für die Hunde. Aber all das geschieht aus bestem Wissen und Gewissen. Auch das ist für mich eine Form von Tierquälerei. Wenn auch aus Liebe.

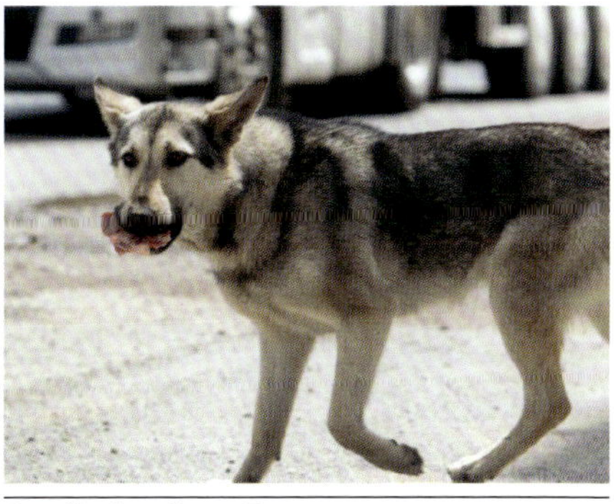

Straßenhund mit Futter

In Rumänien fliegt zwar gelegentlich mal ein Stein, ein Hund wird vielleicht auch mal überfahren, aber die Hunde haben, solange sie leben (wenn es kein Kettenhund ist!) ein sehr freies Leben. Es wird nicht jeder Blick interpretiert und jedes Zucken mit dem Ohr als Trauma gedeutet und der Hundepsychologe gerufen. Ich würde nicht sagen, dass die Leute ihre Hunde hier nicht lieben oder die Hunde eine schlechtere Bindung hätten. In all den Jahren haben wir in vielen Ländern, auch in Rumänien, so viele tierliebe Menschen kennengelernt. Aber die Hunde werden hier als Hunde gesehen. Nicht als Kinderersatz und nicht als einziger Lebensmittelpunkt. Und ich habe das Gefühl, den Hunden tut das sehr gut!

Straßenhunde sieht man in Rumänien überall.

Viele Menschen betreiben kleine Landwirtschaften.

Nicht nur die Hunde, auch die Kinder sind anders. In Rumänien fällt uns auf, dass viel weniger Kinder Tablets und Handys in den Händen halten. Auch das Extrem, dass Kinder der einzige Lebenssinn ihrer Eltern sind und sich alles um die Kinder dreht, finden wir hier kaum. Besonders auf dem Land sehen wir immer wieder Kinder, die auf Gänse aufpassen oder Ziegen von A nach B bringen. Man hat das Gefühl, die Zeit ist hier vor 80 Jahren stehen geblieben. Es wird alles etwas lockerer und selten dogmatisch gesehen. Das zeigt sich auch im Straßenverkehr. Egal wo in Rumänien – wenn man (die wenigen großen Städte ausgenommen) in einer 40er-Zone nicht mindestens 60 km/h fährt, dann hält man den Verkehr auf und wird sogar von öffentlichen Bussen und LKWs angehupt! Blitzer haben wir in Rumänien noch nie gesehen und man kann bedenkenlos an der Polizei mit dem Doppelten des Tempolimits vorbeifahren. Die Polizei interessiert sich dafür nicht und macht das selbst nicht anders, wie wir später noch live im Polizeiauto sitzend erleben sollten!

Natürlich darf man nun aber nicht glauben, dass hier alles gut ist für die Hunde. Die Tötungsstationen, Hundefänger und die Politik allgemein sind ein großes Problem und eine reelle Gefahr für viele Hunde. Es wird politisch nicht ernsthaft daran gearbeitet, die Zahl der Straßenhunde zu reduzieren. Im Gegenteil: Tötungsstationen und manche (nicht alle!) „Tierschutzvereine“ sind ein starker Berufszweig in dem Land.

Egal wie man es dreht, es gibt kein Richtig oder Falsch. Es gibt keine Lösung für das Problem, solange sich politisch nichts ändert. Alle Hunde zu fangen und zu vermitteln ist erstens nicht realistisch und zweitens passen viele Hunde aufgrund ihrer Persönlichkeit in die wenigsten Haushalte im deutschsprachigen Europa.

Straßenhunde werden häufig von Einheimischen gefüttert.

Hunde werden häufig zum Bewachen von Vieh eingesetzt.

Alle zu kastrieren ist zwar definitiv ein sehr guter Ansatz, allerdings schützt es die Hunde nicht zwangsläufig vor Hundefängern und Tötungsstationen. Denn Hundefänger fangen oft auch mit Ohrmarken markierte und kastrierte Straßenhunde.

Der sinnvollste Tierschutz in Rumänien – zumindest aus meiner Sicht – ist, so viele Hunde wie möglich zu kastrieren und wieder frei zu lassen, kranken Straßenhunden zu helfen und Hunde, die einen „haushundetauglichen" Charakter haben, aus Tötungsstationen zu holen und zu vermitteln.

GLAUBENSSÄTZE VERSTÄRKEN SICH AUTOMATISCH

Besonders in Rumänien wird propagandaartig in den Medien immer wieder erklärt, wie gefährlich Straßenhunde seien. Es gibt genügend Menschen, die das nicht glauben, Hunde mögen, füttern, in ihre Gärten und teilweise auch in ihre Häuser lassen. Und es gibt Menschen, die das glauben, was sie in den Nachrichten zu diesem Thema gesehen haben, und das teilweise auch noch an ihre Kinder weitergeben.

Aber sind Straßenhunde nun aggressiv und gefährlich?

Ich halte die absolute Mehrheit der Straßenhunde für ungefährlich. Die Geschichten darüber, dass Straßenhunde Menschen getötet hätten, stellen sich, wenn man tiefer gräbt, fast immer als Märchen heraus. Wenn, dann sind es meist streunende Wachhunde, die in Rumänien tatsächlich mit absoluter Vorsicht zu genießen sind. Aber Straßenhunde sind nicht *automatisch* gefährlich. Etwas aggressiv, in dem Sinne, dass sie manche Menschen aggressiv verbellen und mal in die Richtung von Menschen schnappen, ist zwar nicht bei der Mehrheit der Fall, aber es kommt durchaus vor und ist auch respekteinflößend! Allerdings erleben dieses Verhalten von Straßenhunden zu 99 Prozent genau die Menschen, die davon überzeugt sind, dass Straßenhunde aggressiv sind. Diejenigen jedoch, die davon überzeugt sind, dass Straßenhunde harmlos sind, erleben dieses Verhalten kaum bis nie.

Warum?

Menschen, die Angst vor Straßenhunden haben, gehen komplett anders. Steif, angespannt, starren sie die Hunde ängstlich an. Das schlägt für viele Hunde schon mal „aus der Norm“. Und da in Rumänien viele Herdenschutzhund-Mixe leben, die genetisch darauf programmiert sind, Dinge, Tiere oder Menschen auszumachen, die „nicht normal“ sind bzw. sich anders verhalten als die Masse, reagieren sie eher auf diese Menschen. Und einige ängstliche Menschen bewaffnen sich dann auch noch mit Steinen und werfen diese nach den Hunden. Die Hunde werden also darin bestärkt, dass dieser Typus Mensch mit Vorsicht zu genießen ist und man ihn unbedingt verbellen sollte.

Menschen, denen die Hunde egal sind oder die sie mögen, haben automatisch eine lockerere Körpersprache, was für die Hunde weniger bedrohlich wirkt. Sie bellen diese Menschen daher selten an und wenn, dann kaum sehr nachdrücklich.

Und das ist spannend, weil die Menschen genau in den Glaubenssätzen bestärkt werden, die sie haben. Egal ob sie glauben, Straßenhunde sind aggressiv oder freundlich – sie werden genau das täglich erleben!

Ich war oft sehr fasziniert, wenn ich stundenlang ungefähr 10 bis 20 Straßenhunde gesehen habe. Alle Hunde waren freundlich, alle Passanten sind problemlos durch die Hundegruppe gegangen. Und dann gibt es immer wieder die eine Person, bei der nicht alle, aber einige Hunde aufspringen und sie verbellen. Dieser Mensch fuchtelt wild herum, hat sichtlich Angst vor den Hunden, wirft vielleicht sogar einen Stein. Wenn man nur diese Szene gesehen hat bzw. man dieser Mensch ist, der verbellt wird, und das jeden Tag erlebt – natürlich hat man dann Angst vor Straßenhunden!

Leider kann ich zu wenig Rumänisch (und die wenigsten Menschen wären überhaupt offen dafür), um solchen Menschen zu erklären, dass sie nur ein paar Kleinigkeiten in ihrer Körpersprache und ihrer Einstellung ändern müssten, um komplett andere Erfahrungen zu machen. Das klingt in dem Kontext wahrscheinlich logisch, aber es sind natürlich Denkmuster, die oftmals seit Jahrzehnten gefestigt sind. Es fällt uns als Hundeliebhaber leicht zu sagen: „Schau, Straßenhunde sind fast immer sehr nett!“

Wie oft haben wir auf ganz andere Themen bezogen Glaubenssätze, die wir einfach nur verändern müssten, um ganz andere Erfahrungen zu machen und vielleicht sogar ein ganz anderes Leben zu führen? Es ist natürlich definitiv möglich, braucht aber meist ein hohes Maß an Selbstreflexion und Disziplin.

Die gefleckte Hündin wurde mit einem GPS-Halsband ausgestattet.

VON WELPEN UND VOM TIERSCHUTZ

WELPEN SCHLAFEN 20 STUNDEN – ODER AUCH NICHT!

Von den ersten zwei getrackten rumänischen „Straßenhunden" konnten wir also nicht sonderlich viele Daten sammeln. Aber ein deutscher Verein, der mit einer privaten Tierschützerin in Rumänien kooperiert, fragte uns, ob wir vorbeikommen wollten. Wir vernetzen uns immer gern, wann immer es möglich ist, also fuhren wir eine halbe Stunde zum Hof der Tierschützerin.

Ein einäugiger Welpe in einem privat geführten Tierheim in der Nähe von Timisoara

Es war kein Tierheim mit 700 Hunden, wie wir es gewohnt waren, sondern ein kleiner Pferdehof, der Ponyreiten für Kinder anbietet und geschätzt noch 30 gerettete Hunde hält. Die meisten der Hunde dort leben in Zwingern, aber ein einäugiger Welpe im Alter von 3 bis 4 Monaten durfte gemeinsam mit ein paar anderen Hunden frei auf dem Hof leben.

Der Welpe interessierte mich besonders! Er lebte das typische Hofhundeleben. Er schlief draußen, lebte mit Artgenossen unterschiedlichen Alters zusammen und konnte den ganzen Tag machen, was er wollte.

Im Training bin ich bei Welpen zwar immer dafür, den Hunden Ruhe beizubringen. Was ich bei Straßenhunden oder auch Welpen von Züchtern beobachtet habe, hat sich jedoch nie mit dem gedeckt, was in fast jedem Hundebuch zu lesen ist. Dort steht fast immer Welpen würden rund 20 Stunden am Tag schlafen und man solle sie nicht zu viel bewegen, weil es den Gelenken schaden würde. Darüber hinaus wird die 5-Minuten-Regel propagiert, das heißt, man soll pro Lebensmonat nur 5 Minuten am Tag mit seinem Welpen spazieren gehen.

Unser Welpe sollte laut dieser sogenannten 5-Minuten-Regel also 15 bis 20 Minuten täglich „hochaktiv“ (= Spielen, von A-nach-B-Gehen, Rennen) sein.

Und wie aktiv war der Hofhundwelpe nun tatsächlich?

Hat sich der Hofhundwelpe an den klassischen Welpenratgeber gehalten? Ganz und gar nicht! Und das, obwohl der junge Rüde wirklich nicht aufgedreht wirkte. Im Gegenteil, er war ein introvertierter, ruhiger Charakter. Aber auch introvertierte Hunde schlafen nicht den ganzen Tag! Der Welpe war täglich 300 bis 390 Minuten hochaktiv! Typisch introvertiert ist er jedoch nie besonders schnell gelaufen. Der Aktivitätstracker zeichnete nicht einmal „Rennen“, also besonders schnelles Laufen/Sprinten, auf. Dafür 230 bis 270 Minuten „Laufen“ (= von A-nach-B-Gehen oder Laufen, aber kein Sprinten) und 30 bis 160 Minuten Spielen! Rund 10 bis 12 Stunden hat der kleine Kerl geschlafen und 7 bis 8 Stunden war er mit ruhiger Aktivität (Liegen und Schauen, Stehen und Schnüffeln, etc.) beschäftigt.

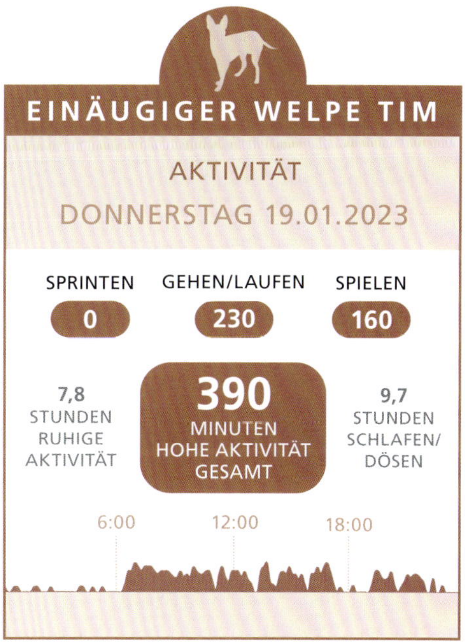

☞ UND WAS BEDEUTET DAS JETZT FÜRS WELPENTRAINING?

MÜSSEN WIR WELPEN NUN 5 BIS 6,5 STUNDEN TÄGLICH AUSLASTEN?

Welche Schlüsse man aus Beobachtungen zieht, ist eine Frage der Philosophie! Und ich bin immer der Meinung, dass viele, auch gegensätzliche Ansätze ihre Berechtigung haben! Nachdem meine Eltern im Gegensatz zu mir sehr religiös sind, bin ich schon früh mit sehr dogmatischen Gedanken konfrontiert worden. „Das ist so und so!" statt „Das ist meine Ansicht, aber natürlich kann man es auch auf eine andere Weise betrachten." Das hat mir nie gefallen.
Ich bin beispielsweise ein großer Freund von körpersprachlichem Training und habe die Erfahrung gemacht, dass klare Grenzen für die meisten Hunde sehr wichtig sind. Trotzdem respektiere ich jeden, der ein Freund von rein positiv basiertem Training ist. Für einige Hunde funktioniert das schließlich gut!

Deshalb möchte ich, dass alle meine Aussagen, was im Training sinnvoll ist und was nicht, niemals dogmatisch gesehen werden. Auch wenn ich mit einer bestimmten Methode sehr gute Erfolge habe – vielleicht tust du dich mit einer anderen Methode bei deinem Hund leichter! Oder ihr habt euren Weg gefunden, einen Ansatz, der bei einem bestimmten Problem gut funktioniert, dann behalte das bitte bei.

Erst neulich hatte ich einen Kunden, der mir erzählt hat, dass sein Hund in Hundebegegnungen schwierig ist. Normalerweise trainiere ich Leinenführigkeit und Hundebegegnungen ohne Leckerlis, weil viele Hunde mit Futter dann auf ein sehr hohes Erregungslevel kommen, trotzdem aber dennoch den Artgenossen „fressen" wollen und nur hektisch zwischen dem fremden Hund und dem Futter hin- und herschauen, sobald man z. B. auf einer Straße enger aneinander vorbeigehen muss. Der Hund meines Kunden konnte jedoch mit Futter tadellos an jedem anderen Hund vorbeilaufen, egal wie eng die Straße war, egal wie sehr der andere Hund ausgeflippt ist. Aber meinem Kunden hat mein Ansatz ohne Futter persönlich besser gefallen. Ich habe den beiden empfohlen nicht nach meiner Methode zu arbeiten. Sie hatten ja eine Lösung, die perfekt funktioniert. Warum sollten sie die dann ändern?

Wenn du also eine Lösung für dich und deinen Hund hast, die gut funktioniert, oder du dich mit einer anderen Methode wohler fühlst, dann ist das vollkommen in Ordnung.

Aber soll man Welpen nun intensiv auslasten?

Es ist nicht bei dem einen Welpen geblieben und wir haben auch noch andere Welpen in anderen Ländern getrackt. Immer mit demselben Ergebnis: Kein Welpe verhält sich so, wie man es in Welpenratgebern liest.

Welpen sind in aller Regel sehr aktiv. Nur können die wenigsten Menschen ihrem Welpen oder erwachsenen Hund fünf Stunden und mehr an Auslastung täglich bieten. Hunde sind zum Glück sehr anpassungsfähig und kommen in der Regel auch mit weniger Aktivität gut aus. Vor allem wenn sie es schon früh lernen! Darum macht es aus meiner Sicht viel Sinn, Welpen von Anfang an viel Ruhe beizubringen. Mit Ruhe beibringen meine ich allerdings nicht, dass der Hund mit drei Monaten nur 15 Minuten spazieren gehen darf, sondern aktiv Ruhe lernt.

Das sind z. B. Dinge, die ich mit meinen Kunden und deren Welpen trainiere:

- ruhig auf einer Decke abwarten, während Artgenossen miteinander spielen dürfen
- sich nach einem beispielsweise 20-minütigen Spaziergang ins Einkaufszentrum setzen und einen Kaffee trinken, während der Hund eine Auszeit hat. So lernt der Welpe gleich, viel Getümmel mit Ruhe zu verknüpfen
- im Haus auf dem zugewiesenen Platz bleiben, während die Hundehalter sich 2 bis 3 Meter entfernt aufhalten

Das sind sehr anstrengende Übungen für den Welpen, die ihn aber besser auf sein Leben als Familienhund vorbereiten, als täglich vier Stunden spazieren zu gehen und 1,5 Stunden zu spielen!

Zumindest ist das meine Empfehlung für die meisten Hundehalter. Aber auch das kann man nicht pauschal sagen. Wenn jemand beispielsweise hauptberuflich Bergtouren leitet oder als Förster arbeitet und den ganzen Tag draußen verbringt, dann spricht nichts dagegen, wenn der Hund von Anfang an mehr Aktivität gewöhnt wird!

Wir haben dem Welpen das Halsband wieder abgenommen und sind weitergefahren, nachdem wir noch mit den beiden Frauen von dem deutschen Verein essen waren, die uns eingeladen hatten, die private Tierschützerin kennenzulernen. Davor waren die beiden noch in einem rund 1,5 Stunden entfernten Dorf und haben eine kranke Straßenhündin gefangen, von der sie auf Facebook gehört hatten.

Auch diese Seite möchte ich zeigen. Es gibt Hunde, denen es nicht gut geht. Diese Hündin hatte Demodex und sah furchtbar aus. Von den ganzen Ländern in Europa, die wir bereist haben, finde ich die Situation für Straßenhunde in Rumänien am schlimmsten. Vor allem, weil es oftmals geradezu eine Hetze auf Straßenhunde durch rumänische Medien gibt. Allerdings geht es auch hier nicht jedem Straßenhund schlecht. Die Tierschützerinnen sind 1,5 Stunden gefahren, um einen Hund zu retten, was ich total schön finde. Die Hündin hätte wahrscheinlich ohne deren Hilfe nicht überlebt. Aber es ist nicht so, dass überall kranke Hunde herumliegen, die Hilfe brauchen. Was es in erster Linie braucht, sind Kastrationsprojekte und ein politisches Umdenken!

In Rumänien werden Hundefänger für jeden Hund bezahlt, den sie in die Tötungsstation bringen. Es ist schwierig zu recherchieren, wie viel Geld sie pro Hund kriegen, ob das System so in ganz Rumänien funktioniert oder nicht. Es gibt von offizieller Seite keine mir bekannte Stellungnahme dazu. Man hört immer wieder, dass die Hundefänger rund 30 bis 50 Euro pro Hund bekommen. Falls das tatsäch-

Ein Straßenhund, den wir bei Făgăraș gerettet haben, und Strolchi nannten

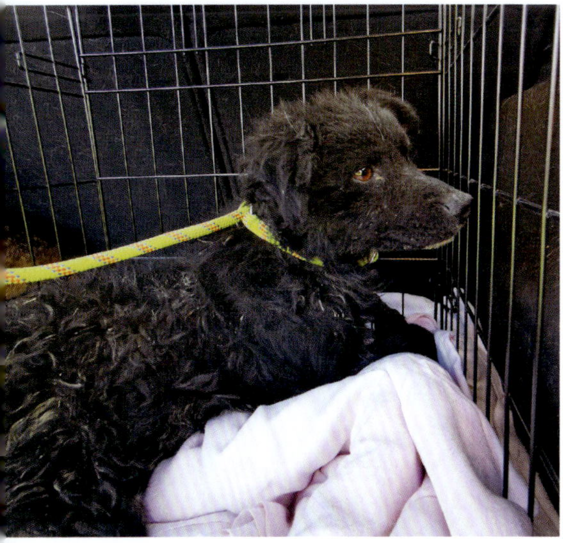

Strolchi fanden wir im Winter in Rumänien. Er hatte kaum Fell.

Ein ausgesetzter Welpe, den wir in einem Wald bei Suceava gefunden haben

lich zutrifft, ist das kein schlechtes Geschäft bei einem Durchschnittslohn von 650 bis 720 Euro pro Monat! Nachdem es doch etliche Hundefänger in Rumänien gibt, dürfte es jedenfalls keine ehrenamtliche Tätigkeit sein.

Ein paar Jahre zuvor haben wir von einer Tierschützerin bei Bukarest gehört, dass sich ein einflussreicher Politiker persönlich bei ihr beschwert hat, dass sie zu viele Hunde vermittelt und kastriert und die Hundefänger keine Arbeit mehr haben. Solche Aussagen haben wir nicht nur einmal gehört und sie zeigen, wie gravierend das politische Problem ist. Niemanden scheint es wirklich zu interessieren, wenn Hunde aus Tötungsstationen freigelassen und neu gefangen werden, um die Provisionen zweimal zu kassieren, oder wenn gezielt läufige Hündinnen ausgesetzt werden.

Ich bin zwar eine Befürworterin von Kastrationsprojekten und dem Retten von Hunden, wenn diese verletzt sind oder anderweitig Hilfe brauchen, weiß aber, dass es ein Kampf gegen Windmühlen ist. Und auch der Tierschutz selbst muss kritisch hinterfragt werden!

Wir kennen viele tolle Tierschützer, die ihr ganzes privates Geld in die Hunde stecken und alles tun um zu helfen. Es gibt aber auch Menschen, die den „Tierschutz" als lukratives Geschäft entdeckt haben! Wir kennen viele Geschichten, in denen „Tierschützer" in den Sozialen Medien geschrieben haben, sie hätten nur noch für drei Tage Futter, um die Hunde zu versorgen. Daraufhin bekamen sie mehrere Tonnen Futterspenden und zwei Tage später waren zwei Drittel des Futters weg: Sie hatten es verkauft. Straßenhunden werden teilweise die Welpen weggenommen oder kleinwüchsige Hundewelpen werden billig gekauft, kurz in die Mülltonne gesetzt und dann gegen eine Schutzgebühr vermittelt.

Straßenhündin mit Welpen bei Oravita. Die Besitzerin des Cafés im Hintergrund sprach uns kurz darauf aus Sorge um die Hunde und deren neue fremdartige Halsbänder an.

Es gibt auch „Tierschützer", die Tausende Kilometer fahren, um einen bestimmten, besonders armen Straßenhund zu retten und um Unsummen an Spenden zu kassieren. Mit Mitleid macht man viel Geld und je schlimmere Bilder man zeigt, desto mehr Aufmerksamkeit bekommt man. Es ist schwierig, hier die Spreu vom Weizen zu trennen. Es gibt durchaus Hunde, die Hilfe brauchen, und natürlich zeigt man als Tierschutzorganisation seine Arbeit. Viele Organisationen sind sich auch dessen bewusst, dass Mitleid die meiste Reichweite bringt, und nutzen dieses Wissen, meinen es aber trotzdem sehr gut.

Kurzum – es ist ein schwieriges Thema, das eine breite Palette an Grautönen hat und das man nicht nur schwarz oder weiß sehen kann.

MIT 80 KM/H IM POLIZEIAUTO DURCH DIE 40ER-ZONE

Wir fuhren weiter in Richtung Oravita und trafen eine Straßenhündin, laut den Einheimischen ein Ciobănesc-Românesc-Mix mit etlichen kleinen Welpen im Alter von rund sechs Wochen.

Straßenhundwelpe mit Aktivitätstracker bei Oravita

Was für eine tolle Gelegenheit! Wir hatten uns bei der Polizei im Ort vorher versichert, dass es tatsächlich Straßenhunde waren. Ich zog der Mutterhündin ein Halsband mit GPS- und Aktivitatstracker an, was problemlos klappte. Immerhin hatte es bei anderen Hunden wie Fox deutlich länger gedauert! Hunde, bei denen man lange braucht, würde ich im Laufe unserer Reise noch lieben lernen, aber das wusste ich zu dem Zeitpunkt noch nicht. Auch nicht, dass wir schon am nächsten Tag in einem Polizeiauto sitzen sollten.

Die Route der Mutterhündin in 24 Stunden

Bei dem sechs Wochen alten Welpen verwendete ich nur einen Aktivitätstracker. Der Aktivitätstracker ist im Gegensatz zum GPS-Tracker sehr klein. Die Welpen würde ich sowieso wieder finden, solange die Mutter den GPS-Tracker trug. Wir wollten dieses Mal auch nicht den Fehler machen und doch jemanden übersehen, der sich für die Hündin und die kleinen Welpen zuständig fühlte. Also waren wir der Hündin viel nachgegangen und hatten unser Projekt jedem erklärt, der mit der Hündin interagierte. Eine Tierarzthelferin erzählte uns, dass sie sich um die Hunde kümmern und sie füttern würde, es aber einfach zu viele wären. Sie würde sie gern vermitteln, wüsste aber, dass es keine Rasse für Deutsche wäre, so ihre Aussage.

Wir waren guter Dinge, dass wir diesmal sehr spannende Daten bekommen würden. Am Folgetag gegen 17:30 Uhr schaute ich nochmal auf das Handy, um zu sehen, wo sich „unsere" Hündin gerade aufhielt. Es war Januar und sehr kalt. Ich ging davon aus, dass die Hündin mit den Welpen in einem der Gärten sein würde, wo sie den ganzen vorherigen und den aktuellen Tag verbracht hatte. Aber sie war laut GPS 10 Kilometer weit gelaufen – zu einer Autowerkstatt außerhalb der Ortschaft. Sie hatte sich bis dahin nie sonderlich weit von ihren Welpen entfernt. Vier Stunden später bekam ich immer noch das Signal aus der Autowerkstatt. Dorthin konnte sie unmöglich mit sechs Wochen alten Welpen im Schlepptau über zahlreiche Straßen gelaufen sein.

Es war schon zu dunkel, also beschlossen wir, am nächsten Tag nachzuschauen. Und wie ich schon vermutet hatte – die Hündin mit den Welpen war quietschvergnügt im Ort unterwegs – ohne Halsband! Auch das Halsband des Welpen war weg. Sie mussten also gestohlen worden sein.

Die Polizei kannten wir ja schon, nachdem wir vor dem Tracken gefragt hatten, ob das echte Straßenhunde wären. Also gingen wir auf das Polizeirevier, das eher aussah wie ein ärmliches rumänisches Haus als eine Behörde. Es gab nur einen einzigen Polizeiinspektor und der konnte kein Englisch. Mit einer Übersetzungsapp konnten wir uns trotzdem verständigen. Ich war mir erst nicht sicher, ob er uns überhaupt helfen würde, ein Hundehalsband zu finden, aber er war Feuer und Flamme. Sonst passierte hier wohl auch nicht viel. Wir setzten uns also ins Polizeiauto und fuhren gemeinsam zu dem Ort, von dem aus wir das GPS-Signal bekamen. Dort fanden wir ein paar junge Männer in der Autowerkstatt. Der Polizist redete mit ihnen auf Rumänisch und tippte dann in die Übersetzungsapp, dass die jungen Männer den Hund und das Halsband nicht gesehen hätten.

Ich fragte ihn, ob ich kurz über das Gelände gehen und selbst schauen dürfte. Er bejahte. Ich kann den GPS-Tracker aus der Entfernung steuern und auf Befehl über das Handy piepende Geräusche ausgeben lassen. Ich ging also in die Werkstatt, stellte den Tracker auf Piepsen und voilà, meine Tracker lagen fein säuberlich ausgelegt auf einem Tisch in der Werkstatt. Ich zeigte sie dem Polizisten, der wiederum mit den jungen Männern sprach, aber die konnten sich das nicht erklären und schoben es auf einen anderen Kollegen, der gerade nicht da war. Die jungen Männer riefen den Kollegen an, erklärtem ihm die Situation und angeblich kannte der Kollege den Straßenhund vom Sehen und dachte deshalb, er könnte das Halsband nehmen, weil er wusste, dass der Hund niemandem gehörte … Der Polizist fragte noch, ob wir Anzeige erstatten wollen, aber das wollten wir nicht. Ich bin kein Mensch, der gern anderen schadet, und uns hätte es ja auch nichts gebracht. Die Tracker hatten wir ja schließlich wieder. Und damit die Daten – dachte ich!

Wir fuhren mit dem Polizisten zurück zur Polizeistation und zu unserem Auto; wie hier üblich, mit rund 60 bis 80 km/h durch die 40er-Zone. Hin und zurück. Tempolimits interessieren hier wirklich niemanden und selbst Fahrschüler in Fahrschulautos fahren oft so. Und das müssen sie auch – alles andere würde den Verkehr behindern, weil jeder so fährt.

Mutterhündin bei Oravita, die mit ihren Welpen sowie einer Gruppe von etwa zehn anderen Hunden fast immer an dieser Stelle zu finden ist

Zotteliger vermeintlicher Straßenhund bei Oravita

In unserem Auto angekommen, wollte ich dann gleich die Daten von dem Welpen abrufen. Auch wenn es nur ein einziger Tag war, interessierte mich das Ergebnis brennend. Erst da bemerkte ich allerdings, dass die Batterie fehlte. Die jungen Männer hatten tatsächlich die 10-Cent-Knopfbatterie aus dem Aktivitätstracker genommen. Somit waren auch alle Daten bis auf die GPS-Daten der Mutterhündin weg.

Ähnlich ging es uns mit einem recht scheuen, zotteligen, riesigen Hund, den wir auf einem Parkplatz getroffen hatten. Dort waren drei Hunde. Es war ein einsamer Autorastplatz mitten im Nirgendwo, mindestens ein Dutzend Kilometer nach dem letzten Dorf und ein Dutzend Kilometer vor dem nächsten, wo ein paar Hunde bei LKW-Fahrern um Futter bettelten. Als wir ankamen, war dort niemand weit und breit zu sehen, aber wir waren uns sehr sicher, dass es Straßenhunde waren. Also legten wir einem Hund ein Halsband an. Immer wieder blieben tierliebe Menschen stehen, um die drei Straßenhunde zu füttern. Gleich am Abend zurück in unserer Unterkunft sahen wir aber durch das GPS-Signal, dass sich die Straße weiter hinunter zwischen den Feldern ein kleiner, abgelegener Hof verbarg. Und dort gingen die Hunde in der Nacht hin! Dann war auch schon mein Halsband weg, und auf Nachfrage mit der Übersetzungsapp bei dem Hirten, der dort lebte, war es erstens sein Hund und zweitens hätte der Hund das Halsband wohl verloren.

Unser Projekt schien hinten und vorne nicht zu funktionieren, weil wir immer mehr merkten, dass es fast keine richtigen Straßenhunde bzw. Hunde gab, um die sich tatsächlich niemand kümmerte. Fast jeder Hund hatte eine oder mehrere Bezugspersonen. Und auch bei dem zotteligen Riesen, in den ich mich ein bisschen

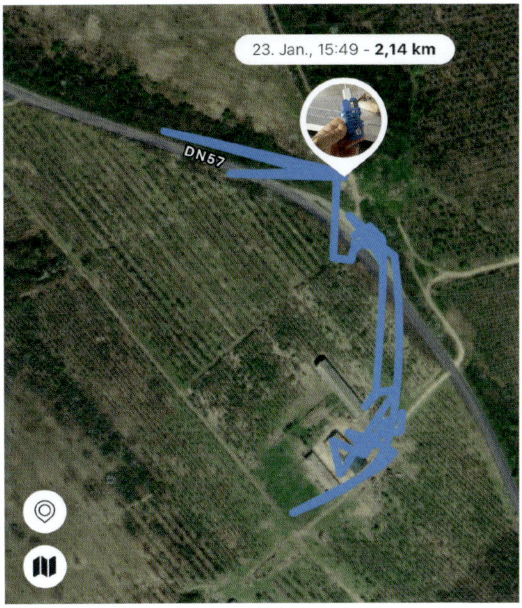

GPS-Daten vom Parkplatzhund. Die Einfahrt zum Hof nahe des Parkplatzes war vor Ort kaum zu erkennen.

verliebt hatte, stellten wir uns wieder die Frage, wie ein Tierschutzverein jemals auf die Idee kommen sollte, dass dieser Hund zu dem Hof gehörte, wenn er im Winter, wo die Schafe überwiegend im Stall sind, den ganzen Tag am Rastplatz bettelte?

Wie viele „gerettete Straßenhunde" sind eigentlich nur frei lebende Besitzerhunde?

Hunde auf einem Parkplatz bei Oravita

BEKANNTE GESICHTER

HUNDEGRUPPEN UND „BEST-BUDDIES"

Nachdem wir unsere Halsbänder wieder hatten – mit Ausnahme von dem des zotteligen Riesen, das der Hofbesitzer nicht mehr herausrückte –, wurde es im Januar in Rumänien richtig kalt! Das halten GPS-Tracker leider nicht lange aus, also mussten wir zumindest das Tracking pausieren. Wir blieben aber noch etwa eine Woche in der Gegend und beobachteten die Hunde. In dem Dorf, in dem wir wohnten, gab es einen Bäcker und ein ganzes Rudel an Hunden, das dort auf freundliche Menschen wartete, die ihnen etwas gaben, oder darauf, dass der Bäcker am Abend schließt und die übrig gebliebene Ware verfütterte. Große Hundegruppen auf einem Haufen sind eher selten. Wenn wir große Gruppen an Hunden sahen, dann nur an guten Futter-Spots, aber nicht, weil die Hunde ein Rudel bildeten.

Allerdings habe ich einmal ein Podcast-Interview mit einer indischen Hundetrainerin geführt, die meinte, es gäbe bei ihnen in Indien große Straßenhunde-Rudel im Wald. Die Hunde bekommen also kein Futter vom Menschen, sondern leben und jagen zusammen.

Leider war ich noch nie in Indien, um mir selbst ein Bild zu machen, allerdings war ich als Kind mit etwa acht Jahren in Rumänien, lange bevor der Großteil der Straßenhunde-Population getötet wurde und damals gab es noch große „Hunde-Gangs". Diese großen Gruppen stören jedoch meistens mehr als einzelne Hunde und sie werden schnell eingefangen. Ich könnte mir vorstellen, dass durch diese

Lauter Best Buddies: bei Bihać in Bosnien, …

… bei Kozani in Griechenland, …

Art der Selektion mehr Einzelgänger überlebt haben und manche Hunde von sich aus dazu neigen, Rudel zu bilden, aber das ist nur eine Theorie.

Was es viel häufiger gibt als Hundegruppen, sind Zweier-Hundegespanne. Oder „Best-Buddies“, wie ich sie nenne. Zwei Hunde, die ständig aufeinander kleben und alles gemeinsam machen. Ein Best-Buddy-Team, das wir schon seit einigen Jahren kannten, trafen wir in der Nähe von Onesti.

... bei Bozovici in Rumänien, ...

... bei Oravita in Rumänien, ...

... und bei Atmagea in Rumänien

☞ DER VERMEINTLICHE WOLF

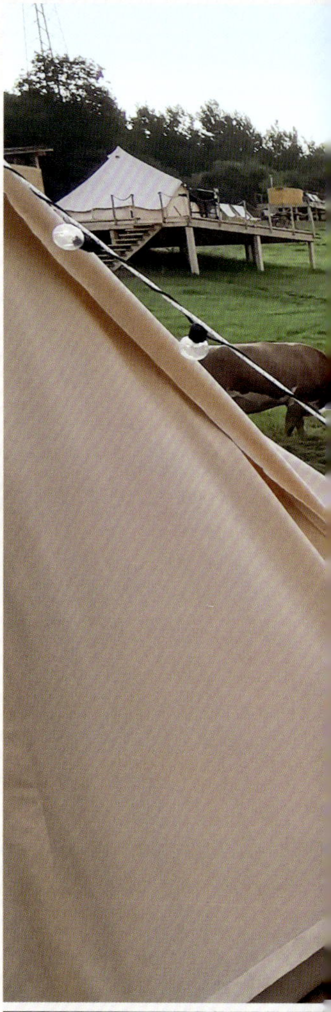

Bei Onesti sahen wir auch eine Tierschützerin wieder, die sich um viele Straßenhunde im Dorf und außerhalb des Ortes kümmert. Sie wollte uns im Jahr davor helfen und einen bestimmten Hund abholen und impfen lassen, den wir kennengelernt hatten und für den wir einen tollen Platz gefunden hatten. Es war ein großer Herdenschutzhund, der vermutlich ausgesetzt worden war, weil er für den Herdenschutz zu wenig taugte. Damals hatten wir nach anderthalb Monaten, in denen wir Straßenhunde beobachteten, in Rumänien für zwei Nächte eine Jurte auf einem Berg gebucht. Es war Sommer und wir hatten die letzten zwei Tage in der kompletten Einöde ohne Internetempfang beim Grillen genossen. Die Anfahrt zu diesem Spot war spektakulär: 30 Minuten durch einen Wald. Rundherum gab es nichts.

In der letzten Nacht dort meinte Stefan, er hätte ganz weit in der Ferne womöglich einen Wolf gesehen. Weil es so dunkel war, konnte er aber nur die Umrisse erkennen. In diesem Wolf- und Bärengebiet wäre es jedenfalls nichts Ungewöhnliches gewesen. Als ich in der Nacht die Jurte verließ, um in die kleine angrenzende Toilettenhütte zu gehen, saß der vermeintliche Wolf etwa 50 Meter entfernt und schaute mich an. Die Wolken hatten sich in der Nacht gelichtet und es war durch das Mondlicht sehr hell – und das war eindeutig kein Wolf, sondern ein Herdenschutzhund. Ein Wolf wäre mir deutlich lieber gewesen, weil Herdenschutzhunde nicht immer ungefährlich bei fremden Hunden sind, und wir hatten zwei Hunde dabei. Dieser Herdenschutzhund war allerdings sehr freundlich, wenn auch noch schüchtern.
Bei jedem weiteren nächtlichen Aufstehen traute sich der Herdenschutzhund etwa 10 Meter näher an uns heran, bis er in der Früh auf der Holzplattform unserer Jurte saß und mich anwedelte. Auch zu unseren Hunden war er von Anfang an freundlich. Der Jurtenbesitzer, der Angst vor Hunden hatte, meinte, er hätte ihn noch nie gesehen. Da es rundherum nur Wald gab und es sich um einen so freundlichen, zurückhaltenden Herdenschutzhund handelte, der sehr wahrscheinlich ausgesetzt worden war, haben wir versucht, aus der Ferne ein Zuhause für ihn zu finden.

Prie bei Ciudanovita, Rumänien

Ich bin nicht dafür, wahllos Herdenschutzhunde zu importieren, weil sie oft mit dem Leben in Zentraleuropa nicht zurechtkommen, aber für diesen Hund hatten wir eine Anfrage von einem privat geführten Reitstall, was ich mir gut vorstellen konnte. Die Tierschützerin, die wir auch in diesem Jahr wieder getroffen hatten, wollte ihn abholen und impfen lassen, allerdings wollte es dann der Besitzer der Jurten (mit dem das Ganze zuvor genau abgesprochen war) in letzter Minute doch nicht. Die Tierschützerin kannte den Jurtenbesitzer offenbar von früher und anscheinend hatte der Hund mittlerweile einen Namen und wurde bei den Jurten gefüttert. Auch wenn Hunde hier selten den Stellenwert haben wie im deutschsprachigen Raum, sind vielen Einheimischen die Hunde wichtig. Immerhin hätte der Jurtenbesitzer so den Hund ohne Probleme loswerden können.

Das Wetter wurde nicht besser, es war zu kalt zum Tracken, also fuhren wir weiter.

Im Ort Făgăraş fanden wir ein tolles, hundefreundliches Hotel mit einem großartigen Frühstück! Während wir ohne Hunde frühstückten, hatten wir im Hotelzimmer ein Mobiltelefon mit Kamera aufgestellt. Die Kamera war dabei auf den Platz des Pflegeshundes gerichtet. Mit unserem zweiten Mobiltelefon konnten wir so aus dem Frühstücksraum heraus über einen Whatsapp-Anruf kontrollieren, was der Hund machte, damit unser Hotelzimmer intakt blieb. Nach dem Frühstück unternahmen wir einen großen Spaziergang im Schnee um einen zugefrorenen See, auf dem in der Mitte ein kleines Schloss steht. Richtig märchenhaft!

Kurz bevor ich wieder im Hotel war, bemerkte ich einen Straßenhund bzw. einen frei laufenden Hund ohne Besitzer in der Nähe. Ob ein Hund ein Straßenhund ist oder lediglich ein Hund, der allein frei herumläuft, da war ich mir mittlerweile nicht mehr so schnell sicher. Er war freundlich und aufgeschlossen, darum ließ ich meine Hündin Yari zu ihm hin.

Nachdem die beiden etwa drei Minuten gespielt hatten, parkte eine Frau mit einem SUV neben uns. Sie war gut gekleidet und offenbar sehr gut situiert. Sie stieg mit einer Packung Hundefutter aus. Die Marke gibt es auch in Deutschland und sie ist in Rumänien so ziemlich das teuerste Futter, das man finden kann. Der Straßenhund lief gleich zu der Frau, die beiden kannten sich. Dann versuchte sie, meine frei laufende Hündin Yari zu sich zu locken und ebenfalls zu füttern. Sie dachte, mein Border Collie wäre ein Straßenhund, den sie noch nicht kennt, und wollte beide füttern. Sie konnte gut Englisch und wir unterhielten uns eine ganze Weile. Die Hunde waren ihr sehr wichtig und sie hatte immer Futter im Auto und fütterte jeden Straßenhund, den sie sah bzw. jeden Hund, von dem sie vermutete, er wäre ein Straßenhund.

Es gibt wie in jedem Land in Rumänien Menschen, die Hunde nicht mögen. Aber wir haben jedes Jahr unzählige Menschen kennengelernt, die Hunde lieben! In jedem Land!

Ein paar Jahre zuvor war eine etwa 40-jährige, sehr tierliebe Frau in einem Armenviertel in Bulgarien so angetan davon, dass wir uns für Hunde interessierten und mehr über ihr Leben lernen wollten, dass sie ihrer Tochter vor meinen Augen vorschlug, Stefan, meinen Mann, zu heiraten. Das etwa 16-jährige Mädchen kicherte nur verlegen und antwortete auf Bulgarisch. Ich war mir nicht sicher, was sie von der Idee hielt und Stefan hatte dankend abgelehnt und auf mich gedeutet. Sie dachte wahrscheinlich, ich wäre seine Schwester. Das glauben lustigerweise oft Menschen von mir.

Der Hirte bricht mit seinem Hütehund und seinen Herdenschutzhunden auf.

AUF ZU DEN HIRTEN

Wir hatten mit einem Tierschutzverein in der Nähe von Onesti Kontakt aufgenommen. Direkt am Standort des Tierheimes haben auch Hirten ihren Stall für den Winter. Wir hatten ausgemacht, zu kommen und die Herdenschutzhunde und Hütehunde der Hirten mit Halsbändern auszustatten und zu tracken, und erhofften uns spannende Daten. Einer der Arbeiter des von Deutschen geführten Tierheims war Rumäne und sprach Englisch. Er war unser Dolmetscher für die Hirten.

Auf dem Areal gab es einen Ziegenhirten und einen Hirten mit einer großen Schafherde. Wir statteten drei Hunde mit Halsbändern aus: Den Hüte- bzw. Treibhund des Ziegenhirten und den Herdenschutzhund sowie den Hüte- und Treibhund des Schafhirten.

Der Schafhirte mit seiner Herde bei Onesti, Rumänien

Der schwarze getrackte Hütehund des Schafhirten

Die Hüte- und Treibhunde der Hirten waren beide ziemlich klein und struppig. Der Hund des Ziegenhirten war eine Hündin mit weißem Fell, der Hund des Schafhirten ein schwarzer Rüde. Jeder Hirte ging auf eine andere Wiese mit seinen Tieren, begleitet von den jeweiligen Hunden.

Es war gerade Anfang Februar geworden und verdammt kalt. Untertags war es teilweise zwar sehr warm durch die Sonne, aber in der Nacht lagen die Temperaturen teilweise bei –10 Grad! Dementsprechend waren die Schafe und Ziegen zu dieser Jahreszeit viel im Stall. Sie gingen nur zum Weiden jeden Tag auf den Berg, um unter der Schneedecke versteckte Zweige und Grashalme zu fressen.

Und was war mit den Hunden? Wie aktiv waren sie?

DER HUND DES SCHAFHIRTEN

Der kleine schwarze Rüde des Schafhirten war täglich 270 bis 285 Minuten hochaktiv. Also rund 4,5 Stunden/Tag. Die meiste Zeit davon war er damit beschäftigt von A nach B zu gehen, mit gelegentlichen Sprints, wenn ein Schaf irgendwohin gehen wollte, wo es nicht hin sollte (30 bis 70 Minuten schnelles Rennen/Sprinten). Aber auch gespielt wurde nicht gerade wenig!
Wenn die Schafe fraßen und keines auf dumme Gedanken kam, konnte es schon einmal langweilig werden. Der schwarze kleine Hund versuchte dann immer, den etwas trägen Herdenschutzhund zum Spielen aufzufordern – mal mit mehr, mal mit weniger Erfolg. Aber immerhin spielte er 60 bis 80 Minuten/Tag!
Ähnlich wie die Hündin des Ziegenhirten (siehe Seite 64) war der schwarze Rüde 7 bis 9,5 Stunden/Tag mit ruhiger Aktivität beschäftigt und hat 10 bis 12 Stunden/Tag geschlafen.

Im Sommer ist das sicherlich anders, aber im Winter war der kleine schwarze Hund hauptsächlich zwischen 6:00 Uhr morgens und 16:00 Uhr nachmittags aktiv, da aber trotzdem relativ viel, verglichen mit einem Familienhund, der 1 bis 2 Stunden täglich spazieren geht! Mir war es auch immer ganz wichtig zu beobachten, was die Hunde in ihren aktiven Phasen machten. Und hier ist uns wieder stark aufgefallen, dass alles in einem sehr ausgeglichenen Zustand stattfindet. Wenn die Hunde spielen, dann ist das kein extrem überdrehtes, wildes Spiel, bei dem man ständig Sorge hat, dass es ins Mobbing kippen könnte, sondern ein gegenseitiges (wobei meistens von den Hütehunden ausgehendes) Necken, das relativ unspektakulär aussieht.

Der Ziegenhirte …

… mit seinem Hütehund und seiner Herde

DIE HÜNDIN DES ZIEGENHIRTEN

Deutlich weniger gespielt hat die weiße Hündin des Ziegenhirten (25 bis 40 Minuten/Tag). Bei ihr war jedoch auch kein anderer Hund dabei, den sie zum Spielen auffordern hätte können. Aber nachdem die Hirten sich einen Stall teilten, kannten sich die Hunde und liefen auch mal zum Spielen zum „Nachbarn“, wenn die Herden relativ nahe beieinander grasten. Die Hündin war zu ähnlichen „Kernzeiten“ aktiv wie der kleine schwarze Hund, aber nur 135 bis 150 Minuten/Tag. (25 bis 40 Minuten Spielen/Tag, 95 bis 110 Minuten Gehen und Laufen/Tag, 0 bis 15 Minuten Rennen/Sprinten am Tag). Natürlich war die Ziegenherde auch kleiner als die Schafherde oder es lag daran, dass die Ziegen braver waren als die Schafe.
9 bis 10 Stunden war die Hündin dann noch mit ruhiger Aktivität (Liegen und Beobachten, Stehen und Schnüffeln etc.) beschäftigt und 11 bis 13 Stunden/Tag mit Schlafen.

UND IM VERGLEICH ZU DEM HERDENSCHUTZHUND, DER BEI DEN SCHAFEN DABEI WAR?

Der Herdenschutzhund war deutlich ruhiger als die Hüte- und Treibhunde! Hohe Aktivität konnten wir nur 75 bis 115 Minuten/Tag messen. Davon 70 bis 80 Minuten Gehen und Laufen, 5 bis 15 Minuten Spielen, wenn der kleine weiße Hund den Herdenschutzhund dann doch für ein kurzes Spiel gewinnen konnte und 0 bis 20 Minuten Rennen. Gerannt wurde nur, wenn man tatsächlich etwas Verdächtiges hörte. 9,5 bis 10 Stunden war der Herdenschutzhund mit ruhiger Aktivität beschäftigt und 12 bis 13 Stunden mit Schlafen.

Wir sehen also bei dem Herdenschutzhund deutlich weniger Aktivität insgesamt, aber vor allem weniger Spiel- und Rennphasen.

Wäre das dann nicht ein optimaler Stadthund oder ein Hund fürs Büro?
Der inaktivste Hund, den wir jemals getrackt haben, eine Kangalhündin in der Türkei, war ein Herdenschutzhund. Aber auch wenn sowohl dieser Hund als auch die Kangalhündin sich nicht übermäßig bewegen, beobachten sie sehr viel. Wenn so ein Hund dann 22 Stunden täglich in einer Wohnung liegt und dort nicht mal melden darf, wenn er etwas hört, ist das oft schwierig.

Was nicht heißen soll, dass sich Herdenschutzhunde grundsätzlich nie als Büro- oder Stadthunde eignen würden und immer territorial wären. Besonders im Tierschutz findet man gar nicht so selten sehr freundliche, nicht territoriale Herdenschutzhunde ohne nennenswerten Wachtrieb und oft auch sehr ängstliche Herdenschutzhunde. Die Grund dafür ist, dass die Hirten in ihren Augen ungeeignete Hunde aussortieren. Diese landen dann nicht selten auf der Straße oder in Tierheimen.

Anwesende helfen, dem Herdenschutzhund des Schafhirten ein Halsband anzuziehen.

Ein Herdenschutzhund ruht bei den Schafen.

Nachdem wir uns von den Hirten mit einer Kiste Bier und Schokolade verabschiedet hatten, fuhren wir weiter Richtung Barlad, wo wir direkt so einen freundlichen Herdenschutzhund kennenlernten. In diesem Ort wollten wir unseren neuen Pflegehund aus einem Tierheim bei einer Tierschützerin abholen, die wir das Jahr zuvor kennengelernt hatten, und versprochen hatten, sie zu unterstützen. Wir nehmen jedes Jahr die schwierigsten Hunde aus Tierheimen auf. Hunde, die so ein problematisches Verhalten zeigen, dass sie unmöglich eine Chance auf Vermittlung hätten. Sehr oft werden wir bei Angsthunden um Hilfe gebeten, aber gelegentlich auch bei stereotypem Verhalten und extremem Stress im Tierheim. Es ist immer schwierig, sich bei häufig 500 bis 700 Hunden für einen Hund zu entscheiden, und es ist ein Tropfen auf den heißen Stein. Wir filmen die Trainings mit, und alle Trainings sind auf unserer Homepage zu finden. Wir hoffen damit, mehr Menschen dazu motivieren zu können, den hoffnungslosen Fällen aus Tierheimen zu helfen bzw. ihnen das Wissen zu geben, das sie brauchen, wenn sie nicht ganz einfache Hunde aus Tierheimen adoptiert haben.

Bevor wir unseren neuen Pflegehund kennenlernen sollten, fuhren wir aber in unsere Pension. Dort wartete vor der Tür eine Herdenschutzhündin. Sie war komplett weiß und riesig. Fast schon ein kleiner Eisbär! Der Besitzer der Pension erklärte uns, es wäre ein Straßenhund und er würde die Hündin füttern. Er hatte noch zwei große Hunde im Garten und einen kleinen Hund in der Pension. Viele Menschen haben Vorurteile gegen Rumänen. Doch auch hier haben wir immer wieder euphorische Hundeliebhaber getroffen. Und dass das nicht bloß Gastfreundschaft war, bemerkten wir schnell. Unsere Hündin Yari bekam Leckerlis, wurde bei jedem Kommen und Gehen freudig gestreichelt und ihr wurden die Pfoten vom Chef persönlich abgetrocknet. (Er wollte mir einfach nicht das Handtuch geben, ich hätte es natürlich auch selbst gemacht.)

Die „Eisbärhündin“ war so verspielt, dass man ihr ansehen konnte, wie gut es ihr hier ging. Am Abend wurde das Tor geöffnet und sie durfte sich auf dem Teppich

Ruhender Hütehund bei der Herde

Bei den Hirten lebende Herdenschutzhündin

vor dem Haus unter das Dach legen, auch wenn das bei ihrem Fell gar nicht notwendig gewesen wäre.

Die Hündin war sowohl zu unseren Hunden freundlich als auch zu jedem Hund von Spaziergängern und fremden Menschen. Wahrscheinlich wurde sie ausgesetzt, weil sie sich nicht als Hund für die Arbeit an der Herde eignete. So einen Hund kann ich mir bei Menschen gut vorstellen, die viel unternehmen wollen. Sehr sportlich war sie immerhin. Ich glaube, sie hätte auch kein Problem damit gehabt, bei einer Kindergeburtstagsparty dabei zu sein. Ich habe mich sehr in die Hündin verliebt. So ein lustiger und zugleich gutmütiger Charakter. Jeden Tag hat sie mich und Yari auf Spaziergängen überallhin begleitet. Egal ob um 6:00 Uhr in der Früh, in der Mittagszeit oder um 23:00 Uhr am Abend. Aber ihr fehlte es dort, wo sie lebte, an nichts, der Pensionsbesitzer mochte sie sehr und darum würde ich nie versuchen, sie zu vermitteln.

Weiße Straßenhündin vor unserer Pension

Wenn wir solche Geschichten von Hunden teilen, werden wir oft dafür kritisiert, warum wir diese nicht mitnehmen. Viele Menschen scheinen der Meinung zu sein, dass es jedem Hund grundsätzlich in Zentraleuropa besser gehen würde als Straßenhunden mit Bezugspersonen. Das sehe ich nicht so. Die „Eisbärhündin" kann den ganzen Tag tun und lassen, was sie möchte. Sie ist frei und hat eine Bezugsperson. Natürlich gibt es Gefahren, aber ich weiß nicht, ob der „goldene Käfig" die Freiheit aufwiegen kann. Sie lebt draußen, ihr ist mit ihrem dicken Fell jedoch auch bei –15 Grad nicht kalt. Natürlich kann ich sie nicht fragen, ob sie gern auf einem Sofa liegen würde, aber ich glaube es nicht. Draußen gibt es so viele spannende Dinge zu beobachten. Selbst meine Border-Collie-Hündin Yari verbringt untertags 90 Prozent der Zeit draußen. Nur im Winter ist sie im Haus, weil sie keine dicke Unterwolle hat. Sie liebt das. Sie will nicht rein. Und darum darf sie auch draußen sein – wichtig war mir nur, dass sie lernt, im Garten zur Ruhe zu kommen.

Wenn man einen Hund retten möchte, dann gibt es so viele Hunde in Tierheimen oder Tötungsstationen, die wirklich Hilfe brauchen.

Was ich mit der Geschichte von der „Eisbärhündin" verdeutlichen möchte ist: Auch solche Herdenschutzhunde gibt es! Aber das Verhalten ist nicht rassetypisch und besonders bei Rassen, die von ihrer Rassegeschichte zu Verhalten neigen, das vielleicht überhaupt nicht zum eigenen Leben passt, muss ich als Mensch vorsichtig sein und mir genau anschauen, ob wir zusammenpassen. Ich empfehle Kunden, die auf Hundesuche sind und sich im Internet in einen Hund aus Rumänien, Bosnien und Co. verliebt haben, auch immer einfach hinzufahren oder zu fliegen und mit dem Hund einmal ein bis zwei Tage zu verbringen. Das ist alles an einem verlängerten Wochenende gut möglich und beugt vielen Problemen vor. Und auch für den Hund ist es schöner, wenn er charakterlich nahezu perfekt in das eigene Leben passt, als wenn man dann versucht, ihm all die Rasseeigenschaften, für die er gezüchtet worden ist, wieder abzugewöhnen.

Straßenhunde bei Atmagea

UNSERE REISE GEHT WEITER

Wir fahren weiter nach Konstanza. Hier hatten wir auf einer anderen Tour eine Gruppe von Rüden gefilmt, die alle nur eins wollten: eine kleine Hündin zu decken. Stundenlang waren wir den Hunden damals durch die Stadt gefolgt. Über Straßen, Parkplätze und durch Hotelanlagen. An einer Kreuzung schaffte es dann ein Rüde tatsächlich, die Hündin zu begatten, und wir standen mit Kameras daneben – sicher ein ungewöhnlicher Anblick für die Anwohner!

Auf den Folgeseiten schildern wir unsere Eindrücke und Beobachtungen.

Diese Hündin kennen wir schon von früheren Reisen.

☞ PAARUNGEN – BEI STRASSENHUNDEN

Hündinnen werden bei Straßenhunden leider gedeckt, ob wir es wollen oder nicht, ob wir filmen oder nicht. Aber wir können von Hunden in all ihren Lebenslagen so viel über Kommunikation, Körpersprache und letzten Endes über Hundetraining lernen.

Rüden verfolgen eine Hündin in Konstanza.

Viele Menschen haben nicht die Möglichkeit, Straßenhunde ausgiebig zu beobachten, und deshalb versuchen wir, so gut es geht, die Straßenhunde dieser Welt und deren Fähigkeit, Konflikte zu lösen, in die Wohnzimmer von Menschen in Zentraleuropa zu bringen – zumindest auf die Monitore.

Was mich bei diesen Rüden sehr beeindruckt hat, war, wie zum einen hartnäckig und zielstrebig alle natürlich das eine wollten – es wäre gelogen zu behaupten, dass alles ruhig abgelaufen wäre. Die Rüden haben sich nicht nur einmal in die Haare bzw. ins Fell gekriegt. Diese Konflikte waren meistens aber nur von kurzer Dauer. Es gab immer wieder auch Phasen, wo alle ruhig abgewartet haben, beispielsweise an der Kreuzung, während ein Rüde die Hündin gedeckt hat. Die anderen Rüden sind daneben fast eingeschlafen.

Eine Paarung in Konstanza an der Straße

Für die Hündin war das natürlich nicht das, was sie sich gewünscht hatte. Generell gleicht der Deckakt bei vielen Tieren oft eher einer Vergewaltigung. Bei Enten beispielsweise sterben weibliche Enten nicht selten, wenn drei, vier, fünf oder mehr Erpel (männliche Enten) versuchen, das Weibchen zu begatten.

Bei dieser Hündin waren die Rüden zwar aufdringlich und die Situation unter den Rüden war angespannt, es lief aber alles in allem friedlich ab. Da hatten wir schon ganz andere Situationen beobachtet, in denen sich z. B. eine Hündin panisch unter einem Auto und davor unter einer Mülltonne versteckt hatte, während ein sehr aufdringlicher Rüde sie decken wollte. Immer wieder hatte sie gequietscht und sich versucht, vor dem Rüden zu verstecken. Es gibt auch unter Rüden echte „Gentlemen". Dieser gehörte aber nicht zu der Sorte. Jeder andere Rüde wurde von ihm massiv weggebissen. Ein wenig schönes Schauspiel.

Nahaufnahme der Paarung

Ein Rüde interessiert sich für die läufige Hündin.

Eine Paarung von zwei Straßenhunden

01

02

VERHALTENSÄNDERUNG DURCH KASTRATION

Wir sehen bei den Straßenhunden sehr eindeutig, dass kastrierte Rüden in der Regel deutlich verträglicher sind als unkastrierte. Auch bei Nutztieren wie Schweinen, Rindern oder Pferden ist bekannt, dass kastrierte Tiere verträglicher sind.

Soll man dann alle Hunde kastrieren lassen?

Bei Straßenhunden bin ich absolut dafür, weil es die unkontrollierte Vermehrung und damit viel Leid verhindert und die Hunde sich gegenseitig weniger verletzen. Eine Verletzung, die nicht behandelt wird und sich entzündet, kann bei einem Straßenhund leicht ein Todesurteil sein.
Bei Haushunden muss man das ganze Thema anders betrachten. Haushunde leben anders. Und jeder Hund bringt eine andere Genetik mit. Manche Rassen wurden auf ein freundliches Wesen und eine gute Verträglichkeit hin selektiert. Andere Rassen wurden auf Aggression gegen fremde Hundeartige (Hunde, Wölfe etc.) selektiert. Und dann kommt nochmal der individuelle Charakter dazu. Wenn ein Hund also kein Problem mit Artgenossen hat, nicht extrem gestresst neben Hündinnen ist und ihm seine Hormone keine Probleme bereiten, dann sehe ich keinen Grund, einen Hund zu kastrieren.
Wichtig ist auch zu wissen, dass besonders Rüden durch eine Kastration oft unsicherer werden. Wenn ich also einen Angsthund oder auch nur einen sehr schüchternen Hund habe, dann ist eine Kastration, die ihm den letzten Funken Mut durch mehr Testosteron raubt, nicht unbedingt vorteilhaft. Ob man einen Hund letztendlich kastriert oder nicht, muss individuell betrachtet werden. Zusätzlich hat jedes Land eigene gesetzliche Bestimmungen dazu.

Dieses Jahr haben wir zumindest in Konstanza keine Paarungen beobachtet. Es war Winter und schrecklich kalt. Unser Tracking-Projekt lag im wahrsten Sinne des Wortes mal wieder auf Eis, weil es zu kalt für die Tracker war. Der Akku war durch die Kälte nach kurzer Zeit leer.

03

04

05

01 – 05
Straßenhunde einer Gruppe, die sich meist vor einer Bäckerei bei Oravita aufhielt

Wir beobachteten die Straßenhunde um unser Apartment herum etwas außerhalb von Konstanza. Besonders vor unserem Apartment waren viele Hunde kastriert und mit Ohrmarken gekennzeichnet. Trotzdem waren die meisten Hunde nicht gerade in einem sehr guten Zustand. Viele Hunde hatten hier Demodex, eine Infektion der Haut mit Haarbalgmilben. Erst ein paar Wochen zuvor hatten wir einen kleinen schwarzen Hund von der Straße mitgenommen, der am ganzen Körper zitternd im Schnee stand. Wir nannten ihn Strolchi (Foto siehe Seite 48/49). An den meisten Körperstellen hatte er durch Demodex kein Fell mehr, was bei unter –10 Grad in der Nacht und rund – 8 Grad am Tag ein echtes Problem war.

Ich bin immer sehr zurückhaltend, was das Mitnehmen von Hunden angeht. Durch die vielen Jahre, in denen wir auf der einen Seite Straßenhunde beobachteten und auf der anderen Seite Tausende Kunden im Hundetraining hatten, wäge ich immer sehr stark ab, was für den Hund besser ist. Viele Hunde haben zwar nicht unbedingt ein komfortables Leben als Straßenhunde, sind aber unfassbar frustriert und unglücklich, wenn man sie einsperrt und als Haustiere halten möchte. Anderen wiederum gefällt es. Und von noch einmal anderen weiß ich, dass sie Bezugspersonen haben, die sich wirklich um sie sorgen, auch wenn es eine andere Art der Hundehaltung ist.

Straßenhund bei Brasov. Weit abseits von bewohntem Gebiet, auf Feldern zwischen zwei Dörfern wirkte dieser Hund gut angepasst an das Leben in Freiheit.

Bei Strolchi war klar – er würde nicht überleben. Wahrscheinlich nicht mal bis zur nächsten Woche. Also haben wir ihn mitgenommen und aufgepäppelt. Er durfte in die Wohnung von Tierschützern ziehen, die später auch seine Papiere für die Ausreise fertig gemacht haben. Wir haben für Strolchi einen Traumplatz gefunden und er genießt sein neues Leben in vollen Zügen.

Bei den Hunden vor unserem Apartment konnten wir leider nicht helfen. Wir hatten gerade wieder einen neuen Pflegehund. Und nachdem wir immer den schwierigsten nehmen, hatten wir alle Hände voll zu tun und vor allem keinen, wirklich gar keinen Platz in unserem nicht allzu großen Auto.

Oft scheint es auch falsch zu sein, egal was man macht. Ein anderes Mal fanden wir acht Welpen ausgesetzt neben einem Jutesack an und teilweise auf einer vielbefahrenen Straße. Die Welpen waren erst fünf bis sechs Wochen alt. Wir hatten zu dem Zeitpunkt meine Border-Collie-Hündin Yari im Auto, einen Pflegehund und einen verletzten Straßenhund und waren eigentlich auf dem Weg zum Tierarzt. Den verletzten Straßenhund hatte ich unter einer Jacke unerlaubterweise ins Hotelzimmer geschmuggelt. Dass wir acht winselnde Welpen nicht behalten konnten, war klar. Wir brachten sie also in ein Tierheim, aber alle sind später leider an Parvovirose gestorben. Eine Krankheit, die in vielen Tierheimen umgeht und die die wenigsten Welpen überstehen. Trotzdem würde mir für die Situation bis heute keine bessere Lösung einfallen. Private Pflegestellen o. Ä. gibt es in Rumänien kaum. Dass man nicht immer helfen kann, gehört leider zur traurigen Realität. Zum Glück gibt es aber auch sehr viele glückliche Straßenhunde, die ihr Leben als Abenteurer zu lieben scheinen, auf Feldern nach Mäusen jagen, gut genährt sind und mit Artgenossen spielen!

Die Welpen waren keine Straßenhunde, sondern höchstwahrscheinlich die Welpen eines Kettenhundes, aber mir ist wichtig die Gesamtsituation, die schönen Situationen wie die traurigen in den unterschiedlichen Länder zu zeigen.

Wir fuhren weiter Richtung Bulgarien und lernten auf dem Weg noch eine Journalistin und Hundeliebhaberin kennen, die gemeinsam mit ihrer Mutter eine ganze Gruppe von Hunden regelmäßig fütterte, und erreichten schließlich die türkische Grenze.

01

02

03

01 – 02
Straßenhunde in Negru Voda

03
Straßenhunde-Gruppe bei einer läufigen Hündin in Negru Voda

STRASSENHUNDE
IN DER TÜRKEI

3
BANDIRMA
Olga, Seite 101
ISTANBUL
IZMIT
3
BANDIRMA
BALIKESIR
USAK
IZMIR

Hier haben wir getrackt und Hunde beobachtet.

2

DÜCZE

Mutterhündin Naira, Seite 91

Sky, Nairas Welpe, Seite 94

VORURTEILE & REALITÄT

Wenn wir von Reisen durch die Türkei berichten, gehen die meisten Menschen davon aus, dass es der Mehrheit der Hunde dort sehr schlecht geht, weil Hunde im Islam als unrein gelten. Aber es gibt überall Hunde, denen es schlecht geht, westliche Länder wie England, Deutschland oder Österreich nicht ausgeschlossen, und wir haben in der Türkei sehr viele sehr hundeliebe Menschen kennengelernt. Auch hier ist die Haltung natürlich anders als in Zentraleuropa. Es gibt viele Hunde, die einen Besitzer haben, aber frei laufen dürfen und es gibt etliche Kettenhunde.

Schon an der Grenze, wo wir eine gefühlte Ewigkeit gewartet haben, während Kaffee trinkende Beamte uns unzählige Male fasziniert fragten, woher wir mit unserem schwarzen Guernsey-Kennzeichen kommen, waren viele Hunde. Die Hunde wurden aber nicht herumgescheucht oder getreten, wie es manche vielleicht vermuten würden. Sie lagen stattdessen gemütlich in der Sonne zwischen den Kaffee trinkenden Grenzbeamten. All diese Hunde waren gut genährt und zugänglich. Manche Beamten hatten sogar Leckerlis, um die Hunde nach jeder Fahrzeugkontrolle wegzulocken, wenn sie vor einem Auto standen. Es gab Wassernäpfe und sogar Hundehütten direkt an der Grenzstation.

01

02

Frei lebender Hund an der türkischen Grenze

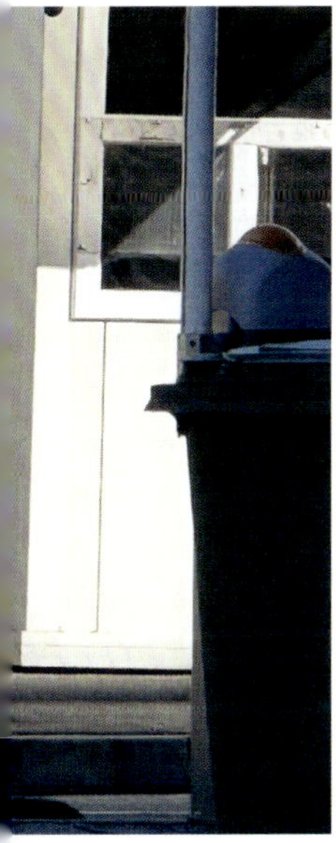

03

01 – 02
Hundehütte an der Grenzstation in der Türkei

03
Wasserschüssel bei der türkischen Grenze

Kangal in einem Dorf hinter der türkisch-bulgarischen Grenze

Ein weiterer Kangal – hier vor einem Supermarkt

DER KANGAL – NATIONALHUND DER TÜRKEI

Immer wenn man die Grenze in die Türkei überschreitet, merkt man schnell, die Hunde sind hier größer! Es gibt sehr viele Kangals bzw. Kangal-Mixe.
Neben artgeschützten Tieren dürfen auch Kangals, die als Nationalgut angesehen werden, nicht ohne Weiteres aus der Türkei ausgeführt werden.

HUNDE – ÜBERALL HUNDE!

In den meisten Teilen der Türkei wimmelt es nur so von Straßenhunden. Im Gegensatz zu Rumänien, wo die meisten Hunde sehr scheu sind, sind die Hunde hier größtenteils tiefenentspannt. Für mich ist es jedes Mal sehr traurig zu sehen, wie die Hunde sich in Rumänien verhalten, weil ich Rumänien noch vor der Massentötung der Straßenhunde kannte. Damals gab es noch sehr große Hundegruppen und die Hunde waren vom Verhalten ähnlich wie die in der Türkei. Wobei die türkischen Hunde, dadurch, dass es viele Kangal-Mixe gibt und es sehr viel heißer ist, deutlich verschlafener sind. Hier liegen überall Hunde. Vor Geschäften, in Bushaltestellen, in der Fußgängerzone und vor Einkaufszentren.

Auch hier sind aber nicht alle Hunde Straßenhunde. Vor einem Supermarkt, vor dem rund sechs Hunde lagen – die meisten davon Kangals –, fiel mir ein Kangal auf, der ein Halsband trug und vor einer Bäckerei lag. Ich kam mit dem Bäcker ins Gespräch und er erzählte mir, dass es sein Hund wäre. Der Kangal lag direkt am Eingang der Bäckerei, ließ genau wie die anderen Kangals alle Menschen friedlich passieren, und keiner der Menschen schien Angst vor dem riesigen Hund zu haben.

Kangal in einem türkischen Dorf

Ein Kangal ruht auf der Straße.

Ich bin in Wien aufgewachsen und habe oft erlebt, dass besonders türkischsprachige Menschen Angst vor Hunden haben, sogar vor meinem Border Collie oder früher vor meiner blonden Labradorhündin. Interessanterweise habe ich in der Türkei ganz gegenteilige Erfahrungen gemacht, wo die Leute sorglos an riesigen 50 bis 70 Kilogramm schweren Hunden vorbeigingen, vor denen selbst ich etwas Respekt hatte.

Straßenhunde mit Ohrmarken am Schwarzen Meer

Kangal im Hühnergehege in Yaliköy

Aber nicht alle Hunde, die ein Halsband tragen, haben Besitzer. Manche Menschen geben einfach nur ihrem Lieblingsstraßenhund ein Halsband. Vor dem ersten Einkaufszentrum, das wir auf dieser Tour besuchten, fanden wir z. B. einen Hund mit Halsband, der sehr beliebt war. Er konnte Pfote geben und wurde gleich nachdem wir ankamen, von einer Fußgängerin begrüßt.

So entspannt hier auch alles ist – fremde Hunde werden in der Türkei massiv verbellt. Unsere Hunde bleiben auf unseren Reisen deshalb hier meistens im Auto.

Es gibt natürlich nicht nur Kangals in der Türkei, sondern eine bunte Mischung aller möglichen Mischlinge. Vor einem über den Winter geschlossenen Restaurant fanden wir eine große Hundegruppe. Ein Kangal war dabei, der Rest waren undefinierbare Mixe aller Größen, Farben und Fellarten. Als Haushunde bzw. Garten-, Hof- und Kettenhunde sieht man reinrassige Kangals trotzdem sehr häufig. Die Menschen sind stolz, wenn sie einen reinrassigen Kangal besitzen, und halten sie als Herdenschutzhunde und Hofhunde, wobei sie zum Bewachen für alles Mögliche eingesetzt werden. Unser Nachbar hatte beispielsweise einen riesigen Kangal als Wächter für seine kleine Hobbyhühnerzucht.

Ein anderer jungen Mann, den ich beim Spazierengehen kennenlernte, hatte gar keine Tiere, sondern nur einen Kangal, der ihn täglich zur Moschee begleitete. Dieser Kangal, ein junger, unkastrierter Rüde, spazierte auch immer wieder allein durchs Dorf. Wir kannten ihn und er war stets freundlich, sowohl zu den Straßenhunden als auch zu unseren Hunden. An einem Tag allerdings attackierte er ohne Vorwarnung meine Hündin und biss ihr ein großes Loch in den Rücken. Direkt danach ging er auf mehrere Straßenhunde los und versuchte, die Welpen einer Straßenhündin, die sich die meiste Zeit des Tages im Garten unserer Gastfamilie aufhielten, anzugreifen. Ich weiß bis heute nicht, warum er an diesem einen Tag so aggressiv war. In der Nacht zuvor waren die Hunde im Dorf sehr laut. Vielleicht war ein Wolf durch das Dorf gelaufen oder eine Hündin war läufig, irgendetwas hatte ihn wohl getriggert.

WIE AKTIV IST EIN SECHS WOCHEN ALTER WELPE?

Vor einiger Zeit hatten wir in Rumänien einen drei bis vier Monate alten Welpen getrackt (siehe Seite 45). Nun wollten wir natürlich wissen, ob dieser Welpe mit seiner hohen Aktivität im Vergleich zu dem, was man in Hundebüchern liest, eine Ausnahme war oder nicht.

In Aydinpinar, im Norden der Türkei zwischen Istanbul und Ankara, hatte eine Straßenhündin im Garten unserer Unterkunft ihre Welpen untergebracht. Die Tore waren stets offen, aber die Welpen blieben fast immer im geschützten Garten. Bei der Ankunft lag ein Welpe tot im Gras. Eine Frau, die als Reinigungskraft für die Familie mit den Apartments arbeitete, schaute den Welpen kurz an. Es tat ihr sichtlich leid, aber wie in der Türkei üblich wurde kein großes Drama darum gemacht.

Bei Straßenhunden kommen selten alle Welpen durch. Einzelne werden entweder krank, überfahren oder sterben durch sonstige Umstände. Einer der anderen Welpen konnte fast nicht laufen und hatte sichtliche Probleme. Aber die anderen Welpen waren zum Glück alle putzmunter und wohlauf.

01

02

01 – 02
Die Mutterhündin und ihre Welpen bei unserem Apartment bei Aydinpinar

Wir sprachen mit unseren Gastgebern über unser Projekt. Sie versicherten uns, dass die Hunde niemandem gehören würden und wir legten ihnen Halsbänder an: der Mutter ein Halsband mit GPS- und Aktivitätstracker und einem der Welpen eines mit Aktivitätstracker. Der GPS-Tracker war auch für diese Welpen viel zu groß und die Daten wären ohnehin nicht sonderlich interessant gewesen, weil die Welpen sich nicht weiter als 100 Meter von ihrem Hauptplatz entfernten.

Der tote Welpe wurde von der Mutterhündin immer wieder angeschaut. Sie ging in regelmäßigen Abständen hin und versuchte die Fliegen zu fangen, die bereits um den Kadaver herumflogen. Sie knabberte ihn ab, genauso wie sie auch die anderen abknabberte, um sie zu putzen.

Jeden Abend legten sich die Welpen auf einem Haufen zusammen, um sich gegenseitig zu wärmen. Es hatte auch in der Türkei noch Minusgrade in der Nacht und als sie sah, dass der tote Welpe immer noch allein im Gras lag, nahm sie ihn am Genick und legte ihn zu ihren anderen Welpen dazu.

Mit dem anderen kranken Welpen fuhren wir am nächsten Tag zum Tierarzt. Zum Glück hatte ich vorab schon mit Julie, einer ehemaligen Kundin und Tierärztin, Rücksprache gehalten, wie man den Welpen behandeln sollte. Es sah so aus, als wären die Vorderbeine verkümmert. Julie meinte, wenn es eine angeborene Fehlstellung wäre, dann könnte man wenig tun. Es könnte aber auch ein Vitaminmangel oder ein neurologisches Problem aufgrund von Parasiten sein. Wegen mangelnder Möglichkeiten war ihr Rat, den Hund gegen Parasiten zu behandeln und Vitamine zu geben und zu schauen, ob es besser werden würde.

Landtierarztpraxen in der Türkei sind wie eine Art Laden für Tierzubehör mit einem kleinen Behandlungsraum. Ich bin mir nicht ganz sicher, welche Art von Ausbildung die Tierärzte dort genießen. Als meine Hündin Yari von dem Kangal gebissen wurde und eine klaffende Wunde hatte, schaute mich der Tierarzt mit großen Augen an und fragte, was er tun sollte. Zum Glück hatte ich früher als Tierarzthelferin gearbeitet und somit ein gewisses Basisverständnis. Also bat ich ihn, die Wunde auszurasieren und mir Blauspray mitzugeben sowie Antibiotika für zehn Tage. Ich hatte vorab recherchiert, ob die Dosis der Antibiotika korrekt für Yaris Größe war. Und es war eine viel zu hohe Dosis. Also gab ich ihr nur die Hälfte der vom Tierarzt empfohlenen Dosierung. Ein paar Tage später brach Yari fast zusammen. Plötzlich wurde sie beim Gehen ganz langsam, was für einen Border Collie untypisch war. Dann fing sie auch noch an, nach links und rechts zu taumeln und zu zittern. Ihre Schleimhäute waren so blass, wie ich es nur bei meiner Labradorhündin gesehen hatte, kurz bevor sie mit knapp 13 Jahren starb. Wir kontaktierten einen anderen Tierarzt und dieser meinte, dass die Antibiotika sehr stark und zu hoch dosiert waren – und das, obwohl ich nur die Hälfte der verordneten Dosis verabreicht hatte.

Bei dem Welpen war es nicht so viel anders. Aber erst musste ich ihn zum Tierarzt bringen. „Das kann ja nicht so schwer sein“, dachte ich. Also nahm ich den Welpen

Die Mutterhündin knabbert an ihrem totem Welpen.

Toter Welpe

auf den Arm und wollte ihn ins Auto tragen. Aber die Reinigungskraft unserer Unterkunft kam mir in die Quere. Wir sprachen über eine Übersetzungsapp und sie erklärte mir, es wären keine „Take-away-Welpen" und ich dürfte sie nicht verkaufen. Die Frau kümmerte sich um die Hunde und fütterte sie regelmäßig mit Weißbrot. Nach langem Hin und Her ließ sie mich aber gehen und ich konnte den Welpen dann doch zum Tierarzt bringen.

Und obwohl es nicht derselbe Tierarzt war wie bei Yari nach dem Kangalbiss, war es trotzdem ein ähnliches Erlebnis. Erst meinte der Tierarzt komplett überzeugt, dass das ein typischer Fall wäre, wo der Welpe zu wenig Sonne abbekommen hätte. Ich hatte ein paar Fotos von den Welpen gemacht und zeigte ihm, dass es Straßenhunde sind, die den ganzen Tag draußen sind. Zu wenig Sonne könnte es also nicht sein. Das machte ihn zwar stutzig, aber er schaute mich nur fragend an, was wir denn mit dem Welpen machen sollten. Ich bat ihn, das zu tun, was Julie empfohlen hatte: gegen Parasiten behandeln und Vitamine verabreichen. Das tat er auch und wir behandelten gleich die komplette Straßenhundfamilie mit. Allerdings auch dieses

Mal nicht mit der Dosierung, die der Tierarzt empfohlen hatte. Obwohl es groß auf der Packung stand, wie viele Tabletten man pro Kilogramm Körpergewicht geben sollte, schrieb er mir eine ganz andere Dosierung auf. Die Tabletten gegen innere Parasiten hätte er so hoch dosiert, dass sie für ein 200 Kilogramm schweres Pony gut geeignet gewesen wären. Aber nicht für meinen 3 bis 4 Kilogramm schweren Welpen. Die passende Dosis rechnete ich dann gemeinsam mit Julie selbst aus und tatsächlich – einige Tage später lief der kleine Welpe komplett normal mit seinen Geschwistern mit!

Währenddessen beobachteten wir die Straßenhundemama mit ihren Welpen. Auch wenn es mir schwerfiel – außer dem einen Kümmerling, den wir nicht trackten – fütterte ich den Welpen und der Hündin absichtlich nichts, mit Ausnahme von Vitamintabletten, Entwurmungsmittel und wenn wir mal etwas vom Tisch übrig hatten (so machen es die anderen Gäste auch und es verfälscht damit nicht die Daten). Es war eine wirklich süße kleine Familie, aber wir waren hier, um mehr über das Leben von Straßenhunden zu erfahren. Wir helfen immer, wenn wir können, doch die anderen Welpen waren fit und wir wollten wissen, woher die Mutter das Futter holte, wie weit sie laufen musste, um Futter zu beschaffen und wie aktiv ihre Welpen waren.

Zu fressen gab es für die Hündin und die Welpen fast immer Weißbrot. Das dürfte auch dem einen Welpen zum Verhängnis geworden sein. Die anderen schienen es gut zu vertragen.

Meine Hündin Yari mit einem der Welpen

01

01
Welpe mit Tracking-Halsband

02
Zahnkontrolle zur Altersbestimmung beim Welpen

02

Natürlich glaube ich nicht, dass Weißbrot generell das optimale Hundefutter ist. Ob ein Futter mit 70 bis 80 Prozent Fleischanteil jedoch optimal ist, bin ich mir aber auch nicht so sicher. Wenn ich mir anschaue, was die Hirten, egal in welchen Ländern so füttern, dann sind das keine 70 Prozent Fleisch. Auch die ganzen Straßenhunde weltweit fressen vorwiegend Kohlenhydrate. Das wäre natürlich für einen Wolf eine absolut ungeeignete Ernährung, aber wir dürfen nicht vergessen, dass Hunde seit mindestens 15.000 Jahren domestiziert sind!

Und niemand wäre früher auf die Idee gekommen, Hunden wertvolles Fleisch zu füttern. Hunde haben immer das bekommen, was billig verfügbar war. Und das sind in den meisten Ländern Kohlenhydrate. Die meisten Hirten füttern je nach Land Brot, Hirsebrei, Maisbrei oder Kartoffeln und ab und an mal eine Totgeburt oder Nachgeburt aus ihrer Herde, dazu Essensreste. Das klingt nicht sonderlich ausgewogen, aber egal welche Hirten in welchem Land ich frage – die meisten erzählen uns, dass sogar Herdenschutzhunde mit einem Gewicht von oftmals 50 bis 80 Kilogramm, also Rassen, die bei uns im Westen ein Alter von 8 bis 10 Jahre erreichen, bei ihnen durchschnittlich 14 bis 16 Jahre alt werden. Natürlich muss man das Ganze differenziert betrachten. Nordische Rassen haben in ihrer gesamten Rassegeschichte selten Kohlenhydrate bekommen. Die waren im Norden, wo nichts wächst, deutlich teurer als Fisch oder Abfälle von Robbenfleisch. Einige nordische Rassen produzieren daher weniger Amylase und können Kohlenhydrate schlechter verdauen.

Hauptsächlich Weißbrot ist aber natürlich nicht die beste Ernährung, auch wenn die anderen Welpen gut damit zurechtkamen.

Hundefreund von Mutterhündin Naira

Naira, wie ich die Hündin später nannte, war komplett zugänglich zu Menschen und es war überhaupt kein Problem, ihr ein Halsband anzuziehen. Auch als ich einem ihrer Welpen ein Halsband anlegte, schaute sie nur zu. Unseren Hunden gegenüber war sie hingegen sehr skeptisch. Sie wollte sie sofort vertreiben und je näher wir zu ihren Welpen kamen, desto angespannter wurde sie. Ungünstigerweise hielten sich die Welpen die meiste Zeit vor unserem Apartment auf, also musste ich an ihnen vorbeigehen. Ich scheuchte Naira dann von unseren Hunden weg, indem ich mich mit ein paar kleinen Schneebällen bewaffnete und sie in ihre Richtung warf, natürlich ohne die Absicht sie tatsächlich zu treffen. Das reichte und wir konnten in unser Apartment gehen. Nachdem wir vier- bis fünfmal raus- und reingegangen waren, entspannte sie sich und ließ unsere Hunde ab dem Zeitpunkt sogar zu ihren Welpen hingehen.

Naira hatte zwei männliche „Straßenhundefreunde". Es waren zwei unkastrierte Rüden und der Optik nach, waren sie vermutlich auch die Väter der Welpen. Ein Rüde war ein rotbrauner, sehr scheuer Mischling. Der andere, den sie noch lieber mochte, ein sehr verspielter gräulicher Mix, bei dem wohl ein Husky mitgemischt haben musste.

Der Husky-Mix war ein richtiger Clown und unfassbar verspielt. Deshalb nannte ich ihn Paly, abgeleitet vom türkischen Wort „palyaço“, was so viel wie „Clown“ bedeutet.
Paly lag oft bei Naira im Garten der Familie unseres Apartments. Er war ebenfalls ein Straßenhund, aber während Naira die Reinigungskraft unseres Apartments als Hauptbezugsperson hatte, hatte Paly ein paar Gärten weiter eine Familie, bei der er sich oft aufhielt. Beide streiften jedoch viel durch das Dorf und trafen sich immer wieder zum Spielen.

Ursprünglich wollte ich auch Paly ein GPS-Halsband anlegen, aber so verspielt er auch war – sobald er ein Halsband sah, war er weg – und zwar nicht nur ein paar Meter auf Abstand, sondern er ging ganz weg. Und er ließ sich auch nicht mit noch so viel leckerer Wurst bestechen. Futter interessierte ihn allgemein wenig, genau wie den zweiten Freund von Naira.

EINE MUTTER HAT VIEL ZU TUN: TRACKING-ERGEBNISSE VON NAIRA

Naira war viel unterwegs! Sie war 300 bis 395 Minuten/Tag hochaktiv, also 5 bis 6,5 Stunden täglich. Der Großteil der Aktivität war Laufen, also von A-nach-B-Gehen, Futter suchen und die Ortschaft durchstreifen mit 215 bis 275 Minuten/Tag (3,5 bis 4,5 Stunden).

Aber auch Rennen/Sprinten und Spielen kam nicht zu kurz (Rennen/Sprinten: 20 bis 45 Minuten/Tag, Spielen 45 bis 75 Minuten/Tag).

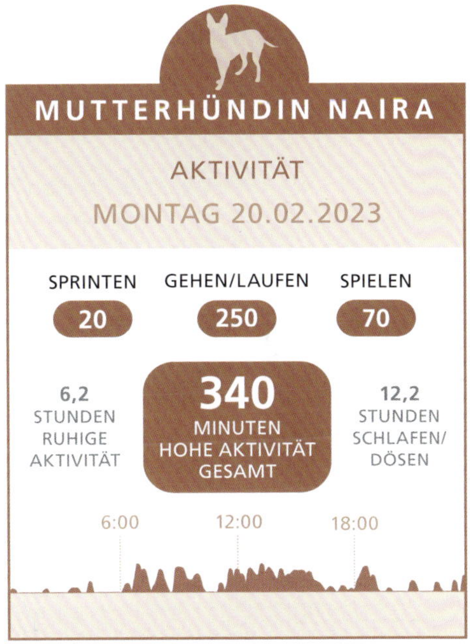

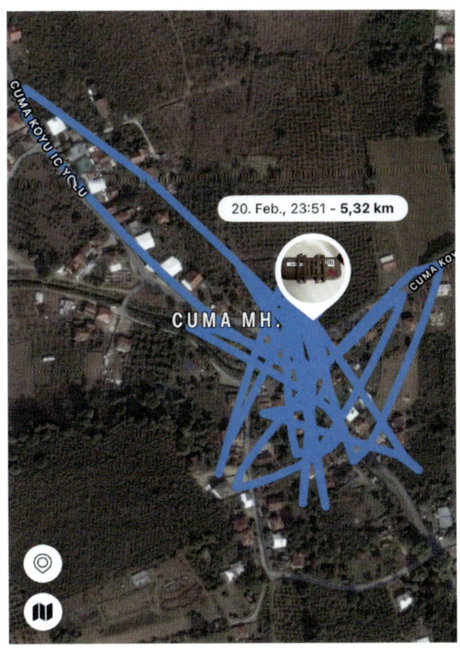

Einer von Nairas Welpen

Sie blieb aber immer sehr nahe bei ihren Welpen und ging täglich nicht mehr als 5 Kilometer spazieren. Viele Menschen in Ländern mit Straßenhunden sehen Hunde als eine Art Biomülltonne. Das passiert ganz automatisch. Wie schon häufig in dem Buch dargestellt – egal in welchem Land man ist, überall gibt es Menschen, die Hunde mögen. Und wenn man abends im Restaurant den Rand der Pizza nicht essen möchte, zu viel Nudeln gekocht hat oder das Brot hart geworden ist, dann wirft man das Essen nicht einfach weg, sondern bringt es seinem Lieblingsstraßenhund bzw. legt es für die Hunde vor die Tür. Das machen nicht nur Privatpersonen, sondern häufig auch Bäcker, Restaurants oder Metzger. Ab und an sieht man natürlich auch mal zu dünne Hunde, es ist aber bei Weitem nicht in allen Ländern die Norm. Deutlich häufiger als ernsthaft abgemagerte Hunde sehen wir immer wieder zu dicke Straßenhunde. Die Hündin hatte also wie die meisten Hunde keine großen Probleme an Futter zu kommen und gegenüber von unserem Apartment war ein kleiner Bach. Dort trank sie. Die Welpen tranken Milch oder aßen Schnee. Zu dem Zeitpunkt war es auch in der Türkei recht kalt, besonders nachts.
In der Nacht war Naira meistens 20 bis 30 Meter entfernt von den Welpen, sie schlief aber selten mit ihnen zusammen auf einem Platz. Die Welpen waren ungefähr 5 bis 6 Wochen alt. Sie tranken noch, waren jedoch schon sehr quirlig und aufdringlich und Naira fand ihre Welpengruppe von Tag zu Tag lästiger. Sie versorgte sie zwar fürsorglich mit Futter, ließ sie auch alle trinken, allerdings wurde die Milchbar jeden Tag früher geschlossen und sie hielt sich häufig etwas entfernt von den Welpen auf, ließ sie aber nie lange aus den Augen. Auch ihre Ausflüge dauerten nie sehr lang.

Wären wir allerdings nicht immer bewusst mit unseren Hunden mit dem Auto von unserem Apartment weggefahren, um die Daten nicht zu verfälschen, dann wäre sie wahrscheinlich jeden Tag kilometerweit von unserem Apartment aus mit uns spazieren gegangen. Immer wenn ich auch nur 3 Minuten kurz mit unseren Hunden, mit denen sie bald keine Probleme mehr hatte, vor die Tür ging, begleitete sie uns. Ich hatte mit Naira stets einen Schatten. Das ist ein Phänomen, das wir immer wieder bei Straßenhunden sehen.

Mutterhündin Naira mit ihren Welpen

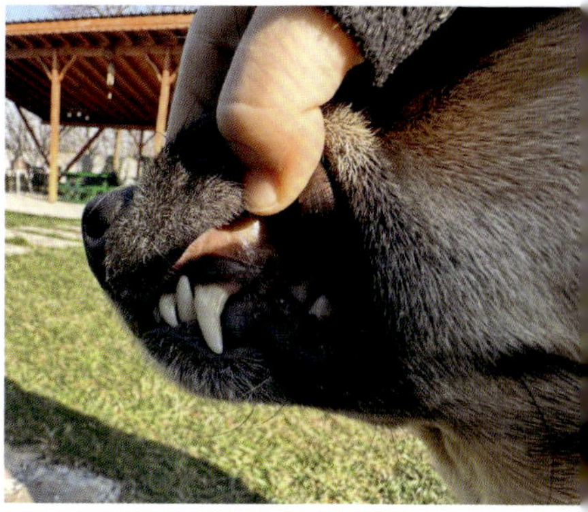

Gebiss der Mutterhündin

Es gibt Hunde wie Naira, die sich sehr gern einem Menschen anschließen und „ihren Menschen“ begleiten. Und es gibt Hunde wie Paly, der zwar sehr verspielt war, der uns immer wieder kurz begleitete, aber schnell etwas fand, was ihn mehr interessierte. Natürlich kann man auch einen Hund wie Paly mit Training dazu bekommen, zu kommen, wenn man ihn ruft, sehr einfach sogar, weil es ein lustiger, verspielter Hund war. Aber diesen Drang, sich an einen Menschen intensiv zu binden und ihm überallhin zu folgen, hat nicht jeder Hund. Manche haben ihn leicht, manche stark, manche gar nicht und manche entwickeln es mit der Zeit (besonders bei ängstlichen Hunden dauert es oft länger). Hier sieht man wieder einmal die „Macht der Genetik“. Selbst wenn Hunde unter sehr ähnlichen Umständen aufwachsen, entwickeln sie trotzdem oft komplett konträre Charaktere.

Ich habe mich in den Tagen, in denen wir Naira gefolgt sind, sehr in sie verliebt! Sie war so anhänglich, dass es immer eine Herausforderung war, sie zu beobachten, ohne dass sie uns sah. Hätte sie uns gesehen, hätte sie sich zu uns gesellt und somit die Daten verfälscht. Naira war ein selbstsicherer, aber trotzdem sehr unterwürfiger und introvertierter Hund. Sie kam nicht verspielt angerannt, sobald sie einen entdeckte. Sie beobachtete die Umgebung, sah einen, und schloss sich dann unaufgeregt an, sobald man weiterging. Ein wunderbar ausgeglichener, ruhiger Charakter und eine fürsorgliche Mutterhündin!

Ich würde nie einen Straßenhund aus seiner Umgebung reißen, der dort Bezugspersonen hat, gut genährt ist und noch dazu Welpen hat. Natürlich wäre Naira mit ihrem Charakter wahrscheinlich bei den richtigen Menschen ein toller Haushund. Trotzdem durfte man bei all ihrer Anhänglichkeit nicht vergessen, dass sie, auch wenn sie sehr ruhig und ausgeglichen war, viele Stunden am Tag unterwegs war. Sie spielte mit ihren zwei Hundefreunden rund eine Stunde täglich und sprang aus dem Stand über zwei Meter hohe Mauern, obwohl daneben die Tür offen stand. Letzten Endes können wir aber nicht in die Zukunft schauen oder den Hund fragen, was er möchte.

ABER WAS WAR EIGENTLICH MIT IHREM WELPEN?

TRACKING-ERGEBNISSE VON NAIRAS WELPE SKY

Mich faszinierte es unheimlich, in Nairas Welt einzutauchen. Zu sehen, was für ein Abenteuer sie da lebte, welche Hunde sie traf und wie selbstständig sie handeln konnte!

Noch mehr faszinierte mich aber ihr kleiner 5 bis 6 Wochen alter Welpe. Ich nannte ihn Sky. Er war der Welpe, den wir mit einem Aktivätstracker ausgestattet hatten. Wir hatten einfach einen Welpen nach dem Zufallsprinzip gewählt, um nicht einen bestimmten Charaktertypus zu bevorzugen. Das einzige Kriterium war immer, dass der Hund fit war, also nicht humpelte, krank war o. Ä. – wie der kranke Welpe, den wir zum Tierarzt gebracht hatten. Aber Sky war wie der Rest der Gruppe fit und munter.

Er ließ sich sein kleines Katzenhalsband mit Tracker ohne Probleme anziehen und ich ging davon aus, dass er viel schlafen würde. Immerhin steht in jedem Hundebuch, wie viel Welpen schlafen und ähnlich habe ich es auch auf jeder Fortbildung gehört. Seit Jahren erzähle ich meinen Kunden, wie viel Schlaf Welpen brauchen und ich hoffte, dass ich diese Aussage nun mit Skys Daten untermauern könnte, nachdem schon unser erster getrackter Welpe (siehe Seite 45) anscheinend eine hochaktive Ausnahme war, genauso wie meine eigenen Hunde, die als Welpen nicht sonderlich viel an Schlaf dachten.

Sky, der Welpe mit Tracking-Halsband

Sky und seine Geschwister liegen vor unserem Apartment.

Sarah mit dem schwarzen geschwächten Welpen, den wir tierärztlich versorgt haben.

Sky verbrachte die meiste Zeit des Tages mit seinen Geschwistern im Garten des Apartments. Die Gartentür war zwar offen, aber die Welpen gingen nie auf die Straße raus. Von unserem Apartment aus konnte ich also fast den ganzen Tag Sky und seine Geschwister beobachten. Und die waren ständig unterwegs und erkundeten den Garten. Langsam musste ich mich mit dem Gedanken anfreunden, dass ich meinen Kunden vielleicht in all den Jahren etwas über das Schlafverhalten von Welpen erzählt hatte, was überhaupt nicht stimmte. Was ich einfach nur „nachgeplappert" hatte, weil ich es x-mal so gehört und gelesen hatte.

Und sowohl der erste Welpe als auch Sky waren auf den ersten Blick keine besonders energetischen Hunde oder Arbeitsrassen, bei denen man es so vielleicht noch hätte erklären können. Ganz im Gegenteil.

Der einäugige Welpe war ein sehr introvertierter Herdenschutzhund-Mix (siehe Seite 45) und Sky ein ganz normaler junger Straßenhund. Man kann bei vielen Straßenhunden nicht wirklich von „ein Mischling aus XY“ sprechen, weil in vielen Ländern die normale Bevölkerung mit dem ein oder anderen Hund gezüchtet hat, der einen guten Job gemacht hat, man aber selten Rassen gezielt gezüchtet hat. Dementsprechend war es schwierig zu sagen, welche genetischen Anteile Sky hatte. Seine Mutter könnte vielleicht etwas Kangal-Anteil haben. Der Kangal ist in der Türkei sehr präsent und bei vielen Straßenhunden sieht man Kangal-Anteile. Bei anderen kann man aber wirklich nur mit viel Fantasie eine Rasse ausmachen.

Obwohl Sky keine Arbeitshunderasse, kein Mali oder Border Collie war, war er auf jeden Fall kein „Vorzeigewelpe“, wie man ihn im typischen Welpenratgeber findet. Er war 310 bis 595 Minuten/Tag hochaktiv, also 5 bis 10 Stunden täglich. Die Daten von nur 5 Stunden kamen dadurch zustande, dass es einmal einen kompletten Tag durchgehend geregnet hat.

Die hochaktiven Minuten teilten sich bei Sky auf wie folgt:
— Rennen/Sprinten: 10 bis 35 Minuten/Tag
— Von A-nach-B-Gehen/Laufen: 285 bis 530 Minuten/Tag
— Spielen: 15 bis 70 Minuten/Tag

Und wann hat Sky die 20 Stunden geschlafen, die ein Welpe laut Ratgeber schläft? Nie!

Geschlafen hat er rund 7 bis 13 Stunden/Tag und 6 bis 7 Stunden/Tag verbrachte er mit ruhiger Aktivität (Schlendern, Riechen etc.).

An dem einen Regentag kam er also mit knapp 13 Stunden Schlaf und 6 Stunden ruhiger Aktivität auf eine Ruhephase von etwa 19 Stunden. Aber auch wenn es regnet, hat ein Tag 24 Stunden und auch an diesem Tag war er 5 Stunden hochaktiv! (10 Minuten Rennen, 285 Minuten Gehen/Laufen, 15 Minuten Spielen).

Es gab allerdings genauso Tage, an denen der Tracker bei Sky gut 7 Stunden Schlaf und etwas weniger als 7 Stunden ruhige Aktivität aufgezeichnet hatte, also eine Ruhephase von nur etwa 14 Stunden, und er dann aber 595 Minuten, also 10 Stunden (!) hochaktiv war (20 Minuten Rennen, 530 Minuten Gehen/Laufen, 45 Minuten Spielen).

Nach diesen Ergebnissen bin ich zwar immer noch der Meinung, dass wir mit Welpen viel Ruhe üben müssen, jedoch nicht weil es so natürlich wäre, sondern weil wir sie auf ein Leben als Haushund vorbereiten müssen. Und wer will schon 10 Stunden spazieren gehen?

Ein ruhiger Regentag

TIME TO SAY GOODBYE

Wir nahmen Abschied von Naira und ihren Welpen und es fiel mir schwer. Ich wusste nicht, was mit ihr und ihren Welpen passieren würde. Sie konnten nicht im Garten des Apartments bleiben. Sie hatten schon viel kaputt gemacht, angebissen und auch ihr Geschäft im Garten hinterlassen und ich wusste nicht, was der Besitzer des Apartments mit ihnen machen würde. Er hatte immer wieder versucht, sie aus dem Garten rauszubringen und in die angrenzende Nussplantage zu setzen, aber sie gruben sich unter dem Zaun durch und kamen wieder zurück.

Wir mussten also so realistisch sein und zugeben, dass wir nicht wussten, was mit der Truppe passieren würde, ob man sie z. B. vergiften würde o. Ä. Ich habe die absolute Mehrheit der Bevölkerung und auch unsere Gastgeber zwar als sehr freundlich gegenüber Hunden erlebt. Aber ich konnte mir auch gut vorstellen, dass eine Hündin mit so vielen Welpen, die sich immer wieder unter dem Zaun durchgraben und den Garten verwüsten, auf Dauer nicht tragbar ist.

Sky und seine Geschwister vor unserem Apartment

Mitnehmen war auch keine Option. Es waren so viele Welpen und die Papiere für die Ausreise fertig zu machen, hätte mindestens drei Monate gebraucht, wahrscheinlich sogar länger, weil die Welpen noch so jung waren. Auch das Tierheim fiel als Möglichkeit flach, weil die Welpen noch kein starkes Immunsystem hatten und schnell an Parvovirose gestorben wären. Ich hätte Naira zumindest gern kastrieren lassen, aber auch hier war die Frage, wer die Nachsorge übernehmen würde, abgesehen davon, dass sie säugend nicht kastriert werden konnte.

Wir konnten also nur hoffen, dass einige der Welpen durchkommen und von einem tierlieben Menschen weiter versorgt würden.

Mir ist es sehr wichtig, auch diese Seiten aufzuzeigen. Es ist auf der Straße nicht alles schlecht, aber bei Weitem auch nicht alles rosarot. Es gibt viel Ungewissheit darüber, ob es es das Schicksal gut oder schlecht meint. Das Einzige, was wirklich Sinn macht, sind Kastrationsprojekte und nicht alle Hunde in den Westen zu vermitteln. Auch wenn es im Einzelfall eine gute Entscheidung sein kann, einen Straßenhund aufzunehmen, für manche Hunde ist es mit Sicherheit eine Rettung, für andere dagegen Freiheitsberaubung. Und was es für den einzelnen Hund tatsächlich bedeutet, ist schwer im Vorfeld zu sagen.

STRASSENHUNDE IN BANDIRMA

DER FAULSTE HUND, DEN WIR JEMALS GETRACKT HABEN!

01

02

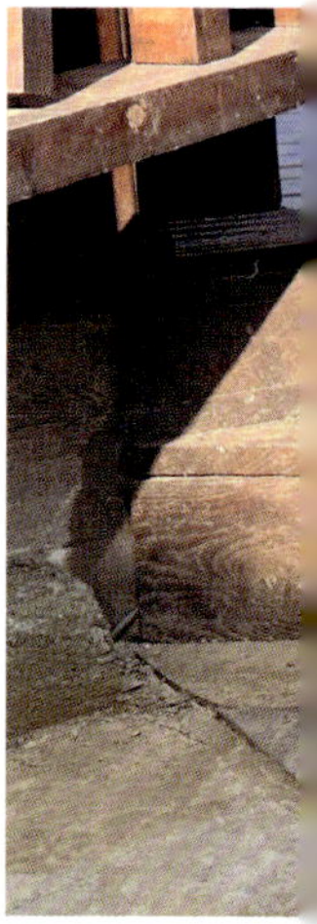

03

Wir fuhren zurück in Richtung der griechischen Grenze. Ursprünglich wollten wir nach Georgien fahren, allerdings wüteten gerade viele Erdbeben in der Türkei, also beschlossen wir, in Griechenland unser Projekt fortzusetzen. Davor machten wir aber noch einen Halt in Bandirma. Hier lebten ein Herdenschutzhund als Kettenhund und eine freie Kangal-Mix-Hündin. Sie war ein Straßenhund und wurde von dem Besitzer der Apartments, in denen wir bei Bandirma wohnten, seit dem Welpenalter gefüttert. Die Hündin hatte keinen Namen, also nannte ich sie „Olga".

Olga war etwa 1,5 Jahre alt und der faulste Hund, den wir jemals getroffen hatten! An ihrem faulsten Tag war sie ganze 15 Minuten hochaktiv! 10 Minuten hatte sie damit verbracht von A nach B zu gehen und 5 Minuten mit Spielen.

10 Stunden hatte sie geschlafen und knapp 14 Stunden hatte sie mit ruhiger Aktivität verbracht. Olga hatte viel beobachtet, gewacht und gemeldet, wenn sie etwas Komisches gehört hatte.
Aber einbrechen hätte bei ihr jeder können. Sowohl zu fremden Menschen als auch zu fremden Hunden war sie absolut freundlich. Am letzten Tag hatte sich ein neuer Straßenhund bei den Apartments angesiedelt und sie tolerierte ihn sofort, genau wie unsere Hunde.

01 – 03
Olga bei Bandirma

Tracking-Versuch bei Bandirma

Straßenhunde vor einem Restaurant bei Bandirma

EIN FAULER JAGDHUND-MISCHLING

In der Stadt selbst trackten wir noch zwei weitere Hunde. Ein faulen, unkastrierten Jagdhund-Mix, der sich hauptsächlich vor einer Metzgerei aufgehalten hatte. Er war rund eine Stunde oder etwas weniger pro Tag hochaktiv.

HUNDE SIND SO UNTERSCHIEDLICH!

Die Theorie, dass kastrierte Rüden inaktiver sind, kann ich so allgemein nicht bestätigen. Wir haben kastrierte Rüden getrackt, die täglich 8 Stunden unterwegs waren und unkastrierte Rüden, die kaum unterwegs waren und umgekehrt. Vielmehr hängt es aus meiner Sicht von den genetischen Anlagen der Hunde ab. Manche Hunde haben ein höheres Bewegungsbedürfnis, manche ein geringeres. Andere haben ein hohes Bewegungsbedürfnis, sind jedoch sehr ortstreu, entfernen sich also nie weit von ihren Stammplätzen. Andere sind nicht sonderlich ortstreu, streunen viel herum, machen das aber eher im Tempo einer altersschwachen Schnecke.

Links ein Jagdhund-Mix mit Tracking-Halsband

Es gibt kein „Hunde sind so". Je mehr Hunde wir tracken, desto mehr sehen wir, wie unfassbar unterschiedlich Hunde sind, nicht zuletzt, weil es so viele verschiedene Hundetypen (Wachhunde, Jagdhunde, Hütehunde etc.) gibt, die alle für unterschiedlichste Aufgaben gezüchtet wurden.

Ein Border Collie und ein Bernhardiner können sich zwar paaren und Nachkommen zeugen. Es ist die gleiche Art der domestizierten Haushunde *(Canis lupus f. familiaris)*. Aber charakterlich haben sie alle nicht allzu viel gemeinsam.

Das mag bei anderen Tierarten, besonders bei Wildtieren, anders sein. Ich kann mir zumindest nicht vorstellen, dass manche Feldhasen nur 15 Minuten hochaktiv sind und andere 8 Stunden. Ich habe noch nie Feldhasen erforscht, aber ich gehe davon aus, dass hier die Daten deutlich einheitlicher sein würden, einfach deshalb, weil der Mensch nicht durch gezielte Zucht von verschiedensten Eigenschaften in das Naturell der Feldhasen eingegriffen hat. Aber ich bin überzeugt, dass es auch hier weniger prägnante Unterschiede im Charakter geben wird: den etwas ruhigeren Feldhasen, den etwas mutigeren Feldhasen, den energetischeren Feldhasen. Diese Charaktereigenschaften könnte man bestimmt durch gezielte Zucht ebenfalls fördern.

DER SCHWARZE RÜDE AUS BANDIRMA

Von dem dritten Hund, den wir in Bandirma trackten, haben wir leider keine Daten. Es war ein schwarzer Rüde, den wir vor einem Restaurant getroffen hatten. Wir hatten natürlich gefragt, ob es ein Straßenhund ist, und dies wurde von mehreren Menschen bestätigt. Also zogen wir ihm ein Halsband mit GPS- und Aktivitätstracker an. Zu diesem Zeitpunkt verwendeten wir nur noch Metallketten mit einem kleinen Vorhängeschloss, da uns schon zu viele Halsbänder gestohlen worden waren.

Aber nach nicht einmal drei Stunden Tracking verfolgte ich am Handy, wie unser Hund – oder zumindest der Tracker – plötzlich die Straße entlang 10 Kilometer weit gelaufen war. Und das in einer verdammt kurzen Zeit. Ich kannte es ja leider schon von vielen anderen Halsbändern. Das verhieß nichts Gutes.

Am nächsten Tag fuhren wir zu unserem Halsband. Das GPS-Signal war dort sehr gut und wir konnten das Halsband ziemlich exakt orten. Es war eindeutig in einem kleinen Haus in einer sehr armen Gegend, wo die Straßen in der Stadt nicht einmal asphaltiert waren. Also klopfte ich an dem Haus an, in dem wir das Halsband orten konnten. Eine ältere Frau mit Kopftuch öffnete. Sie konnte nicht lesen, also übersetzte ich, was ich sagen wollte, am Handy und ließ es der Frau von Google Übersetzer laut vorlesen. Dazu zeigte ich ihr ein Foto von dem Hund mit dem Halsband. Daraufhin reagierte sie sehr kurz angebunden. Sie sagte, sie hätte den Hund noch nie gesehen und bedeutete mir, wir sollten verschwinden.

Getrackter Hund, dessen Halsband von einer Einheimischen abgenommen wurde

In dem Ort gab es keine Polizeistation wie in Rumänien. Und ich bezweifelte, dass wir noch einmal so viel Glück gehabt hätten, dass uns jemand so engagiert helfen würde, ein Halsband zu finden, wie der Polizist in Rumänien.

Es war unheimlich schwer für mich, zu akzeptieren, dass wir schon wieder ein Tracking-Halsband verloren hatten und nichts dagegen tun konnten. Und da fiel mir wieder ein, dass ich das Halsband aus der Ferne piepen lassen konnte. Das hat den Sinn, dass man es leichter finden kann, wenn ein Hund es beispielsweise im hohen Gras verloren hat. Den schwarzen Hund hatten wir mittlerweile wieder getroffen – ohne Halsband. Ich konnte also sicher sein, dass der Tracker mitgenommen worden war.

Also stellte ich meinen Wecker alle 1,5 Stunden die ganze Nacht hindurch. Alle 1,5 Stunden ließ ich das Halsband für etwa 10 bis 20 Sekunden piepen. Das muss ziemlich nervig sein, wenn man schlafen will und ständig von einem Piepen gestört wird. Und schon ganz zeitig am Morgen sah ich am Handy, wie mein Halsband plötzlich nicht mehr im Haus der Frau war, sondern etwa vier Meter davor, bei einem Gegenstand, der auf dem Satellitenbild aussah wie eine Mülltonne. Wir fuhren sofort hin. Ich kletterte in die Mülltonne und wühlte zwischen Restmüllsäcken und Holzasche. Und dann entdecke ich es auch schon. In der Asche lag mein Halsband. Es war noch intakt, aber 3 Stunden Daten sind einfach zu wenig, um etwas über den schwarzen Hund sagen zu können.

Stefan half mir aus der Mülltonne und ich strahlte stolz über beide Ohren, dass ich es doch noch geschafft hatte, das Halsband wiederzubekommen. Danach fuhren wir weiter Richtung Griechenland.

Leider waren wir wegen der Erdbeben dieses Mal nur kurz in der Türkei gewesen. Hier ist es wie nirgendwo „rosarot", aber die große Mehrheit der Straßenhunde ist sehr zugänglich, was für einen netten Umgang der Menschen mit den Hunden spricht. Die meisten Hunde waren gut genährt, sie wurden in Fußgängerzonen toleriert, und wir hatten nicht nur einmal Einheimische mit den Hunde spielen gesehen. Auch bei der Ausreise aus der Türkei nach Griechenland hatte der Grenzbeamte Hundeleckerlis eingesteckt, um den dort lebenden Straßenhund, der eine Hundehütte und eine Wasserschüssel hatte, immer mit Futter wegzulocken, wenn die Autos weiterfahren sollten.

Anders als in Rumänien. Zwar hatte fast jeder Hund eine tierliebe Person gefunden, die Grundstimmung gegenüber Hunden war allerdings anders. Ich kann mir gut vorstellen, dass die Propagandaaktionen in den Medien, in denen Angst vor den Hunden bewusst geschürt wird, stark dazu beiträgt.

GRIECHENLAND – STRASSENHUNDE MIT NAMEN

5
IPSILO

Oreo und Brownie, Seite 140/141

6
KOZANI

Bobby, Seite 147
Zara, Seite 154
Dumbledore, Seite 157
Gerlinde, Seite 158
Sporty, Seite 161
Obelix, Seite 165

4
KORINTH

Kreo, Seite 125
Tito, Seite 130
Goofy, Seite 135

1
NEA RODA

Blacky, Seite 114

Hier haben wir getrackt und Hunde beobachtet.

2
CHALKIDIKI

Jack, Seite 119

Straßenhund bei Korinth

VON GRIECHISCHEN STRASSENHUNDEN UND -KATZEN

Unser erster Stopp in Griechenland war Nea Roda. Auf dem Weg dorthin versuchten wir unser hart gewordenes Brot loszuwerden. Wir werfen in Ländern mit Straßenhunden selten etwas weg, sondern geben es den Hunden, die sich in der Regel freuen. Genauso machen es auch viele Einheimische. Selbst die, die nicht so hundeaffin sind wie ich, wollen Essen ungern wegwerfen, sondern geben es lieber den Hunden, bevor es im Müll landet.

In allen anderen Ländern, in denen wir bisher waren, wie Rumänien, Bosnien, Bulgarien, die Türkei, Ungarn etc., war das ganz normal für uns. Aber in Griechenland schafften wir es eine geschlagene Woche nicht, ein großes Stück trockenes Brot loszuwerden, obwohl wir jede Menge Straßenhunde trafen. Schließlich gaben wir auf und Yari, mein Border Collie, durfte es fressen. Yari war ganz begeistert – im Gegensatz zu den Straßenhunden!

Auf den ersten Blick fiel uns auf, dass es in Griechenland sehr viele Menschen gibt, die Hunde lieben!

01

02

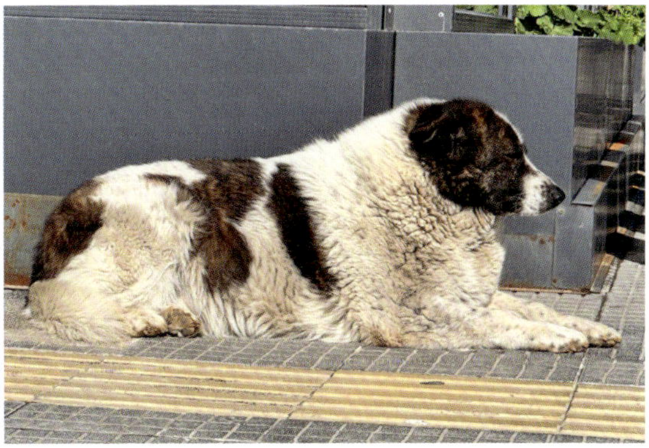

03

Straßenhunde …

01
… in Chalkidiki

02 – 03
… und in Nea Moudania

Wir gingen noch schnell in einem großen Supermarkt zum Einkaufen und trafen in der Gemüseabteilung einen Straßenhund! Er lag gemütlich auf dem kühlen Boden neben Karotten- und Paprikakisten. Als er merkte, dass er meine Aufmerksamkeit erregt hatte, drehte er sich auf den Rücken. Nicht mit einer ängstlichen oder unterwürfigen Körperhaltung. Nein – er wollte nur am Bauch gekrault werden. Die anderen Supermarktkunden waren ebenfalls sichtlich amüsiert. Die Angestellten sahen den Hund nicht, sonst hätten sie ihn wahrscheinlich hinausbegleitet.

Wir trafen einige Menschen und kamen mit etlichen ins Gespräch. Viele erzählten uns, dass sie diesen oder jenen Hund schon lange kannten und fütterten. Wir beobachteten auch viele Einheimische, wie sie die Hunde fütterten – sie sagten es also nicht nur zu uns, es stimmte wirklich.

Straßenhunde bei Nea Roda

Wie fast überall im Südosten gibt es hier neben Straßenhunden auch viele Straßenkatzen. Selten sahen wir Katzen, die von Hunden gejagt wurden. Oft war ein Hund beim Fressen gefühlt von 30 Katzen umzingelt.

Mit den Katzen ist hier es nicht viel anders als mit den Hunden. Viele werden von Einheimischen gefüttert. Aber natürlich ist auch bei den Katzen nicht alles rosarot. An einem Abend, als Stefan gerade mit seinem besten Freund telefonierte, fuhr ich los, um uns etwas zu essen zu holen. Es war schon dunkel und hatte seit seit dem frühen Morgen geregnet. Plötzlich lief eine schwarze Katze über die Straße. Ich bremste scharf und die Katze

Ein Straßenhund im Supermarkt – …

… in Griechenland ein häufiger Anblick

Wie Hund und Katz: eine Katze und ein Hund vor einer Fleischerei

Auch Katzen gehen im Supermarkt ein und aus.

Ein Mann füttert einen Straßenhund und eine -katze.

rannte unversehrt weiter bis auf die andere Straßenseite. Auf der anderen Straßenseite drehte sie sich allerdings wieder um und lief zurück auf die Fahrbahn. Diesmal erwischte sie ein Auto. Sie lebte aber noch. Ich hielt an, sprang aus dem Auto und wollte sie von der Straße holen. In genau diesem Moment überfuhr sie ein Bus und tötete sie.

Das Leben auf der Straße hat Vor- und Nachteile. Viel Freiheit verbunden mit Risiko und Ungewissheit. Und sehr wahrscheinlich auch verbunden mit einem kürzeren Leben als in Gefangenschaft. Das ist bei Wildtieren nicht anders als bei Straßentieren. Und es ist immer schwer zu sagen, ob es besser für ein Tier ist, auf der Straße zu bleiben oder mitgenommen zu werden. Für manche Straßenhunde fühlt sich ein „Zuhause" an wie ein lebenslanger Haftbefehl. Für andere bedeutet es, endlich Anschluss zu haben und sie genießen die vermeintliche Gefangenschaft.

Blacky auf einem Supermarktparkplatz bei Nea Roda

KENNEN STRASSENHUNDE WOCHENTAGE?

Ein sehr spannendes Erlebnis hatten wir ebenfalls bei Nea Roda mit einem anderen „Supermarkt-Straßenhund“. Hier trackten wir eine schwarze Hündin. „Blacky“, wie wir sie nannten, hielt sich nach Angaben von Einheimischen oft mit etlichen anderen Straßenhunden vor dem Supermarkt auf.

Nachdem der Supermarkt geschlossen war, ging sie am Strand spazieren und dann zu einem rund 10 Kilometer vom Supermarkt entfernten Haus außerhalb der Stadt, mitten zwischen den Feldern. Am nächsten Tag fuhren wir gleich dorthin, um mit den Menschen vor Ort zu sprechen, aber leider trafen wir niemanden am Haus an – außer Blacky.

Leider konnte ich ihr Halsband dort nicht auslesen, da der Internetempfang sehr schlecht war, sonst hätte ich zumindest von einem Tag die Bewegungsdaten gehabt. So hatte ich leider nur die GPS-Daten. Auch wenn wir nicht viele Informationen über Blacky sammeln konnten, fand ich die wenigen Aufzeichnungen von ihr sehr spannend. Am nächsten Tag war nämlich Sonntag. Die Supermarktmitarbeiter hatten uns erklärt, dass Blacky immer vor dem Supermarkt war. An diesem Tag ging sie aber nicht zum Supermarkt! Sie konnte es auch nicht aus der Ferne erkennen, dass die Mitarbeiter nicht kamen – immerhin blieb sie 10 Kilometer vom Supermarkt entfernt!

War es Zufall oder verstand Blacky tatsächlich die Wochentage?

Ich hätte sie gern für einige Wochen beobachtet, um das herauszufinden, aber leider wurde in der darauffolgenden Nacht das Halsband von Blacky gestohlen. Am Abend sahen wir, dass jemand den Tracker ab- und wieder angeschaltet hatte, vermutlich bei dem Versuch, das Halsband zu öffnen. Ein Hund kann unmöglich zweimal hintereinander an dem kleinen Knopf drücken. Also fuhren wir um 23:00 Uhr zu dem letzten Signal, dem Haus mitten am Feld. Und dort war Blacky, gemeinsam mit ein paar anderen Straßenhunden – alle hatten offenbar von dem Hausbesitzer vor Kurzem großzügig Fleischknochen gefüttert bekommen. Leider war das Haus sehr weit hinten im eingezäunten Grundstück und es gab keine Klingel. All unser Rufen, Hupen und Blinken hatte nichts gebracht. Uns wurde nicht geöffnet.

Am nächsten Tag wurde der Tracker etwa 500 Meter entfernt in ein Weizenfeld geworfen. Wir konnten ihn grob orten, aber das Internet war zu schlecht, um seine exakte Position auszumachen. Bei dem Haus trafen wir auch an den Tagen danach niemanden an und einen zweiten Tracker wollten wir nicht opfern, um Blacky erneut zu tracken.

Von einem Campingplatzbesitzer in der Nähe erfuhren wir, dass der Besitzer des Hauses Russe war und wahrscheinlich die Aufschrift auf dem Tracker (warum der Hund dieses Halsband trug und dass ihm nichts passierte) in der Landessprache Griechisch nicht lesen konnte. Der Besitzer des Campingplatzes hatte leider keine Telefonnummer des Russen, meinte aber, dass dieser nur gelegentlich bei dem Haus wäre.

Trotzdem faszinierte es mich, dass Blacky am Sonntag nicht bei dem Supermarkt war, auch wenn ich sehr gern herausgefunden hätte, ob es Zufall war oder nicht. Interessant war zudem, dass sich an diesem Sonntag nur ein einziger Straßenhund am Supermarkt aufhielt, obwohl dort sonst mindestens acht Hunde waren!

Wirklich beeindruckt war ich aber, als ich am nächsten Tag, am Montag, einkaufen gehen wollte und auf einem leeren Parkplatz vor einem geschlossenem Supermarkt stand, umringt von etlichen Straßenhunden, eingeschlossen Blacky, die alle genauso verwirrt zu sein schienen wie ich über die Tatsache, dass der Supermarkt

01

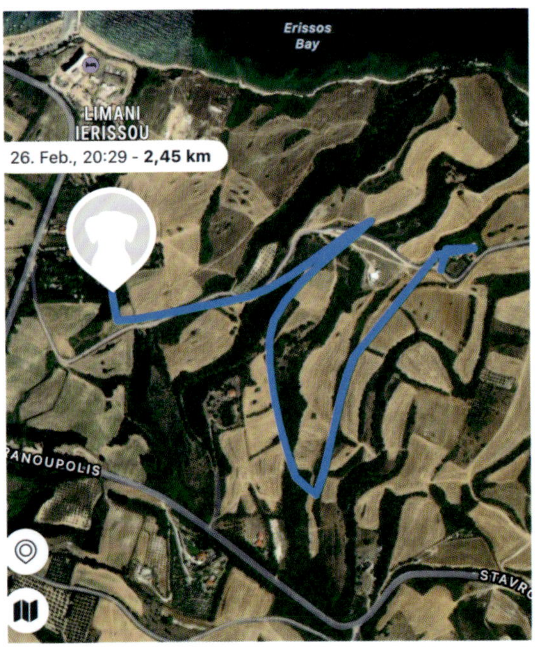

02

nicht geöffnet hatte. Als Menschen haben wir es allerdings ja etwas einfacher, also nahm ich mein Smartphone und googelte das Datum zusammen mit „Feiertag Griechenland" und wusste Bescheid: Es war eine Art Nationalfeiertag. Das konnten weder die Hunde noch ich wissen. Und dementsprechend standen wir gemeinsam hungrig vor dem geschlossenen Supermarkt.

Man müsste natürlich mehr Hunde vor Supermärkten beobachten, um sicher sagen zu können, ob es Zufall war oder nicht. Auch hier wird es bestimmt Unterschiede von Hund zu Hund geben. Wenn manche Hunde den Rhythmus von Wochentagen tatsächlich verstehen, wird das aber trotzdem wahrscheinlich nicht bei allen so sein.

Diese Beobachtung beschäftigte uns noch sehr lange und regte uns zum Nachdenken an. Wären die Hunde nur am Sonntag nicht gekommen, dann hätte ich es mir leicht damit erklären können, dass sie gesehen hätten, dass keine Mitarbeiter und Kunden in den Supermarkt gingen und der Parkplatz leer war. Und mit Blacky hätte es eben Zufall sein können. Dass an dem Montag, an dem der Feiertag war, aber alle Straßenhunde auf dem Parkplatz zu warten schienen, obwohl niemand auf den Parkplatz gefahren war oder in den Supermarkt hineinging, war ausgesprochen faszinierend.

01
Die Route von Samstag um 15:07 Uhr bis Sonntag 15:07 Uhr

02
Blacky war am Sonntag nicht einmal ansatzweise Richtung Supermarkt gelaufen, sondern war nur auf den Feldern um das Haus aktiv. Am nächsten Tag (Montag) war sie – leider ohne Halsband – wieder vor dem Supermarkt.

VERGIFTETE STRASSENHUNDE AUSSERHALB DER SAISON?

So oft hatte ich gehört, wie wenig Empathie die Griechen mit den Straßenhunden hätten. Unzählige Berichte hatte ich gelesen, die davon erzählten, dass außerhalb der Saison die Straßenhunde vergiftet werden würden. Die Griechen wären nur vor den Touristen so nett zu den Hunden, aber sobald die Saison endet, würde sich niemand mehr für die Hunde interessieren. Wir wollten wissen, ob das stimmt und nutzten die unsichere Situation mit den vielen Erdbeben in Griechenland, um dieses Mal schon im Februar in Griechenland zu sein. Wir wollten so viel wie möglich vom Land, den Hunden und den Menschen sehen – in Touristengegenden genauso wie in nichttouristischen Gebieten.

01
Eine Wassernapf und eine Futterschale für Straßenhunde vor Privathäusern

02
Futterstellen für Straßenhunde in Griechenland

03 – 04
Ein Straßenhund mit Straßenkatzen bei Kozani

01

02

03

04

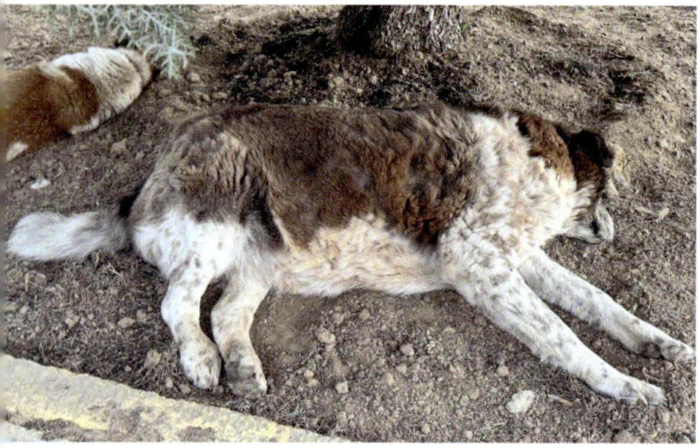

Gut genährte Straßenhunde bei Kozani

Sarah und Straßenhund Jack mit seinem Tracking-Halsband

Während der Tracking-Phase: Jack schläft in einer Gasse.

JACK – DER ERSTE GETRACKTE HUND

Den ersten Hund, den wir in Griechenland trackten, nannte ich „Jack". Jack lebte in einem Ort in Chalkidiki in einer Fußgängerzone. Dort gab es auch noch einige andere Straßenhunde. Und fast alle Hunde hatten dort eines gemeinsam: Sie waren übergewichtig!

Jack war kastriert, etwa 5 Jahre alt und wie die anderen Hunde sehr zugänglich. Allerdings war es für mich gar nicht so einfach, ihm das Halsband anzuziehen. Zwar war Jack mir gegenüber aufgeschlossen, aber ich versuchte immer, die Hunde möglichst nicht zu bedrängen und beim Anziehen des Halsbands mit Futter abzulenken.

So zugänglich viele Straßenhunde – egal in welchem Land – auch sind, sie kennen mich nicht, sie kennen kein Halsband und beim Anziehen des Halsbands ist mein Kopf nicht so weit von ihrem Kopf und damit von ihren Zähnen entfernt. Deswegen gehen wir dabei immer auf Nummer sicher und machen alles ganz langsam, mit viel Futter.

Das Problem bei Jack und seinen Freunden war, dass sie kein Futter wollten. Erst hatte ich Wurst dabei. Aber kein Straßenhund in diesem Ort wollte Wurst. Erst als ich mit Speck kam, nahm Jack halbherzig das Futter an und nach einer kleinen Kennenlern- und „Anfreundephase“ hatte ich ihm dann auch das Halsband angezogen.

JACKS TRACKING-ERGEBNISSE

Jack war sehr gemütlich unterwegs. Ein durch und durch introvertierter und sehr fauler Hund! Ihn zu beobachten und zu filmen war eines der langweiligsten Unterfangen. Er schlief stundenlang irgendwo in der Sonne. Wenn er dann endlich aufgestanden war und ich schon dachte, es würde vielleicht endlich etwas Spannendes passieren, legte er sich einfach 3 Meter weiter wieder hin.

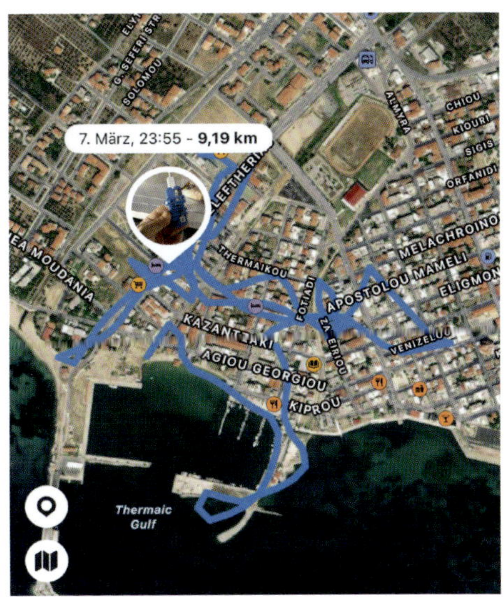

Jack war täglich nur 1 bis 2 Stunden hochaktiv. Der größte Anteil davon war von A nach B zu gehen (70 bis 85 Minuten/Tag und nur 0 bis 15 Minuten Rennen/Sprinten und 5 bis 15 Minuten Spielen). Meistens war er nachts, am Abend oder zeitig in der Früh am aktivsten, was sicher auch mit der Hitze im Land zusammenhing. Zwar waren die Temperaturen Anfang März, als wir Jack getrackt hatten, noch sehr erträglich, auch zur Mittagszeit, aber ich vermutete, dass sich die Hunde auf den Rhythmus eingestellt hatten und deshalb am Abend aktiver waren. Aber vielleicht war Jack ja nur eine Ausnahme. Wir würden es herausfinden!

Das für mich Faszinierendste an Jack war, dass er zwar sehr faul und introvertiert war, aber trotzdem einen sehr großen Bewegungsradius hatte. Auch wenn er ein sehr gemütlicher Hund war, ging er doch um die 10 Kilometer jeden Tag spazieren!

Andere Hunde, die ich in diesem Buch noch vorstellen werde, waren deutlich aktiver, oft sogar richtig verspielte und extrovertierte Hunde, die aber fast immer an einem Ort waren. Jack hatte zwar untertags seine ein bis zwei Orte, an denen er sich meistens aufhielt, aber in der Nacht ging er auf Streifzug. Durch die Fußgängerzone, durch Gartensiedlungen, an den Strand oder zum Hafen eine Runde schwimmen. Und so wenig motiviert wie Jack mein Futter nahm, waren seine Spazierrunden wohl nicht durch Hunger motiviert!

Wir sahen im ganzen Ort keinen sterbenden oder vergifteten Straßenhund. Dafür aber nach ein paar Tagen ein Foto in einer lokalen Facebook-Gruppe. Der Post hatte schon ein paar Hundert Kommentare, als wir darauf aufmerksam wurden. Viele Menschen kannten Jack und hatten Angst, warum er plötzlich ein versperrtes Halsband trug. Anders als wir es von anderen Ländern und Orten kannten, wurden hier alle Straßenhunde von der Gemeinde geimpft, gechipt und kastriert. Und viele, viele Menschen fühlten sich für Jack und die anderen Straßenhunde im Ort zuständig! Man sah, dass es die Bevölkerung hier offensichtlich gut mit den Hunden meinte. Viele Restaurants und Gärten hatten Wasserschüsseln an der Straße stehen. Und viele der Hunde waren schon acht Jahre und älter. Junghunde hatten wir zumindest in Nea Moudania, wo Jack lebte, keine gesehen.

Dafür hatte sich uns ein Herdenschutzhund-Mischling auf einen Spaziergang zum Strand angeschlossen und auch das Ehepaar des Apartments, in dem wir wohnten, hatte einen geretteten Straßenhund, der uns jeden Tag auf Spaziergängen durch die Olivenplantagen begleitete.

Objektivität ist trotzdem immer etwas Subjektives! Ich erlebe Straßenhunde häufig als sehr glücklich. Viele Straßenhunde spielen, was Hunde kaum machen, wenn sie starke Schmerzen, Angst oder Hunger haben. Natürlich gibt es Hunde, die akut Hilfe brauchen und wir retten jedes Jahr solche Hunde. Aber das Einzige, was aus meiner Sicht pauschal Sinn macht – ich kann es nur immer wieder betonen – sind Kastrationsprojekte.

Ich glaube nicht, dass wir jedem Hund einen Gefallen damit tun, wenn wir alle Hunde vermitteln. Ich sehe viele ehemalige Straßenhunde im Training mit ihren neuen Haltern, die sich wirklich Mühe geben. Bei manchen harmoniert es auch sehr gut, aber manchen Hunden sieht man an, dass sie die Gefangenschaft – und nichts anderes ist es für manche Hunde, die seit Generationen frei leben – sehr stresst. Aber das ist meine Meinung. Es ist schwierig objektiv zu sagen, was richtig ist, weil man fast jedes Thema aus unterschiedlichen Perspektiven betrachten kann.

Noch bewusster ist mir das in einer kleinen Stadt nahe Korinth geworden. Hier wohnten wir keine zwei Minuten von einer Fußgängerzone entfernt, in der einige Straßenhunde lebten.

BEOBACHTUNGEN IN DER NÄHE VON KORINTH

Am ersten Tag fragte ich in einem Restaurant, ob es jemanden gab, der sich um die Hunde kümmerte, sie fütterte usw. – Seit wir die GPS-Halsbänder verwendeten, wussten wir eines mit Sicherheit: Es gab überall Menschen, die Hunde liebten und sie versorgten. Blöderweise waren das oft leider die ersten, die versuchten, den Hunden die Halsbänder wieder auszuziehen, weil sie nicht wussten, was das war und in manchen Ländern auch nicht die auf den Trackern in der jeweiligen Landessprache stehenden Informationen zu unserem Projekt lesen konnten.

Der Kellner zeigte auf einen kleinen Kiosk und erklärte mir, dass viele Menschen sich hier um die Hunde kümmerten, und die Supermarktfrau wäre eine davon. Also wartete ich, bis der Supermarkt öffnete und stellte mich der Frau vor. Ich erklärte ihr, dass ich gehört hätte, dass sie sich hier viel um die Straßenhunde kümmerte, ich Hundetrainerin wäre und gern mehr über Straßenhunde lernen wollte und ob es für sie in Ordnung wäre, wenn ich den Hunden vorübergehend Halsbänder anlegen würde.

Straßenhunde vor dem Supermarkt bei Korinth

Vor einer Fleischerei bei Korinth

Ein Hund schläft vor einem Souvenir-Shop bei Korinth.

Auch vor Cafés findet man in Korinth Straßenhunde.

01

02

Sie reagierte sehr skeptisch: „Nein, keine Halsbänder! Keine Leine! Die Hunde sollen frei sein! Sie können überall hingehen, die Weibchen kastriere ich selbst auf eigene Kosten, es geht ihnen gut!"

Ich erklärte ihr noch einmal, dass ich die Hunde nicht mitnehmen und nicht vermitteln oder verkaufen (eine sehr große Sorge von ihr), sondern lediglich Daten über ihr Verhalten sammeln wollte.

„Nein, keine Halsbänder! Sie kennen das nicht! Die Hunde kennen nur die Freiheit!", war ihre Antwort!

Ich versuchte es wieder und entgegnete: „Ja, das verstehe ich! Aber viele Menschen in anderen Ländern denken, dass es allen Straßenhunden schlecht geht, nur weil es manchen schlecht geht. Das möchten wir unter anderem den Menschen in Ländern ohne Straßenhunden zeigen. Es ist so interessant zu sehen, was die Hunde den ganzen Tag tatsächlich machen, und ich kann dir mit dem Halsband jeden Tag zeigen, wo die Hunde, die du fütterst, unterwegs waren."

Ich zeigte ihr die Aufzeichnungen von anderen Straßenhunden aus anderen Ländern. „Wir haben das bereits mit einigen Straßenhunden in Rumänien, Bulgarien und der Türkei gemacht. Ich nehme mir immer sehr viel Zeit, die Hunde kennenzulernen, zu füttern und ihnen nebenbei das Halsband anzuziehen. Die Hunde stört das in der Regel kaum. Das Halsband mache ich in ein paar Tagen dann wieder ab und den Hunden passiert nichts!"

Die Supermarktfrau war sichtlich interessiert an den Aufzeichnungen der anderen Straßenhunde. „Okay, aber die Halsbänder bleiben nicht für immer und du fängst auch keinen Hund ein?"

„Ich verspreche dir, alle Halsbänder werden am Schluss wieder abgenommen und ich habe noch nie einen Hund, den wir getrackt haben, mitgenommen!"

Wir plauderten noch ein bisschen. Ihr Englisch war sehr brüchig, aber mit Händen, Füßen und Google Übersetzer verstanden wir uns ganz gut! Ich kaufte eine große

03

Überall Hunde – Straßenhunde bei Korinth …

01 … vor einem Souvenir-Shop,

02 … vor einem Supermarkt,

03 … mitten in Korinth

04 … und in einem Dorf bei Nea Roda.

04

Packung Wurst bei ihr und stattete den ersten Hund mit einem Halsband mit GPS- und Aktivitätstracker aus.

KREO UND TITO

Der erste Straßenhund, der von uns einen Tracker bekam, war ein unkastrierter Rüde von etwa drei bis fünf Jahren. Sein Fell war bis auf die Brust und die Pfoten hauptsächlich halblang und schwarz. Er wohnte schon eine Weile in der Fußgängerzone, aber irgendwie hatte ihm nie jemand einen Namen gegeben, während alle anderen Hunde in der Fußgängerzone bereits Namen hatten. Er lag die meiste Zeit des Tages vor der Metzgerei im Ort, darum nannte ich ihn „Kreopoli“ (= Metzger auf Griechisch) oder kurz „Kreo“.

Kreo hatte einen Erzfeind – den Retriever-Herdenschutzhund-Mix auf der anderen Straßenseite. Diese andere Straßenseite war der Hauptschauplatz, wo beide Hunde den Tag verbrachten. Es war die kleine Fußgängerzone zwischen einigen Shops und Restaurants. Es gab dort keinen Gehsteig und die Gasse war sehr schmal. Nur die Besitzer und Lieferanten der Shops durften hier im Schritttempo durchfahren. Wenn man die Gasse kannte, war es also fast kurios, von der „anderen Straßenseite“ zu sprechen, weil alles dort so klein war. Aber die Hunde hatten sich die Straße trotzdem in „meine“ und „deine“ Seite aufgeteilt und keiner durfte das Territorium des anderen betreten.

Tito in der Fußgängerzone bei Korinth

Kreo abends vor der Fleischerei

Der Retriever-Herdenschutzhund-Mix hieß „Tito“. So nannten ihn die Einheimischen. Auch Tito bekam von uns einen Tracker, aber dazu später mehr.
Tito und Kreo gingen ständig in das „Revier“ des jeweils anderen. Beide waren sehr charakterstarke, dominante Rüden, wobei Kreo einen Tick unterwürfiger und nachgiebiger war als Tito. Tito suchte deutlich öfter den Konflikt mit Kreo als umgekehrt.

Und dann standen die beiden sich oft lange gegenüber und knurrten sich so lange an, bis einer aufgab und ging – oder bis die Einheimischen eingriffen. Oft kam dann ein Kellner aus dem Restaurant oder die Supermarktfrau aus ihrem Laden hinaus, klatschte in die Hände oder rief und signalisierte den Hunden, dass sie damit aufhören sollten. In der Regel funktionierte das auch gut.

Für mich war es spannend zu sehen, wie die Einheimischen sich dafür interessierten, dass die Hunde nicht zu raufen begannen. Und mich hatte es sehr berührt zu hören, dass die Frau vom Supermarkt alle Hündinnen gemeinsam mit ein paar anderen Einheimischen aus eigener Tasche kastrieren ließ und wie wichtig es ihr war, dass die Hunde in Freiheit leben durften!

Noch spannender fand ich aber, dass Kreo gleich am nächsten Tag zu einem Souvenir-Shop spaziert war. Eine Frau mit langen, rötlichen Haaren interagierte gleich mit ihm und ich erzählte ihr von unserem Projekt. Ich versuche immer möglichst vielen Menschen, mit denen die Hunde interagieren, zu erklären, warum die Hunde die Halsbänder tragen. Denn das verringert in der Regel die Anzahl der Halsbänder, die gestohlen werden, drastisch. Sie war ganz begeistert von unserem Projekt und erzählte, sie würde gern selbst mit ihrem Partner eine Kombination aus Hundeschule und Hundepension eröffnen. Sie hatte auch Straßenhunde adoptiert und fragte mich, ob ich ihr nicht helfen könnte, Kreo oder die anderen Hunde aus der Straße zu vermitteln! Die Hunde würden sich alle so sehr ein Zuhause wünschen, jemanden, der für sie sorgt und einen weichen Platz zum Schlafen.

Ich muss ja oft lachen, wenn uns Menschen auf Social Media schreiben: „Es ist falsch, was du sagst! In Rumänien, Serbien, Bulgarien etc. ist es so und so – ich komme aus dem Land!“

Man kann die meisten Dinge von zwei unterschiedlichen Standpunkten aus sehen: In dem geschilderten Fall hatte die Frau vom Supermarkt ihren Shop keine 300 Meter weit entfernt von der Frau vom Souvenir-Shop. Beide fütterten denselben Hund, aber die eine wollte alle Hunde frei sehen und die andere wollte alle Hunde vermitteln. Solche unterschiedlichen Ansichten über ein und denselben Hund unter den Einheimischen haben wir sehr oft in den unterschiedlichsten Ländern erlebt!

Um zu sagen, was „richtig“ oder „falsch“ ist (falls es das überhaupt gibt) müsste man die Hunde fragen können und in die Zukunft blicken können, um zu wissen, wie das Leben von dem Hund auf der Straße verglichen mit einem Leben in einem Zuhause verlaufen würde.

KREOS TRACKING-ERGEBNISSE

Kreo war mäßig aktiv. 135 bis 195 Minuten/Tag hochaktiv (also rund 2 bis 3 Stunden).
Der größte Anteil davon war Gehen von A nach B. An manchen Tagen hatte der Aktivitätstracker sogar nur Laufen/Gehen aufgezeichnet und gar kein Sprinten/Rennen oder Spielen. Sprinten/Rennen war nicht so Kreos Ding. (0 bis 5 Minuten/Tag). Spielen hatte die App bis zu 20 Minuten/Tag aufgezeichnet – meistens aber deutlich weniger.

Ruhige Aktivität hatten wir 9,5 bis 11 Stunden/Tag gemessen und geschlafen hatte Kreo rund 10 bis 12 Stunden/Tag.

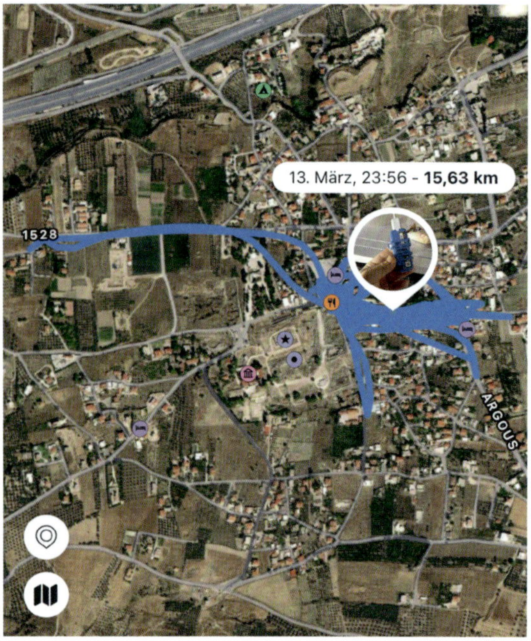

Die Kilometer darf man bei Hunden, die viel zwischen Gebäuden liegen, nicht so genau nehmen. Da ist der Aktivitätstracker aussagekräftiger, weil er nicht mit GPS arbeitet, sondern die Bewegung des Hundes misst.

Kreo

Der GPS-Sender zeigte an, dass Kreo meistens um die 15 Kilometer/Tag gegangen war. Da aber sehr viele Gebäude das Signal gestört hatten und der Sender nicht genau messen konnte (es wird dann immer wieder ein Signal 300 Meter zu weit rechts, dann 200 Meter zu weit links vom Hund angezeigt, obwohl der Hund an einem Ort schläft, und damit kommen mehr falsche Kilometer zustande), würde ich sagen, Kreo war meistens um die 10 Kilometer unterwegs.

Kreo war charakterlich ein Hund, den ich als „Mittel-Hund" bezeichne – er war weder stark extrovertiert noch stark introvertiert, sondern sehr „in der Mitte".

Würde Kreo sich als Haushund eignen? So lieb er auch war, er sprang einfach aus dem Stand über zwei Meter hohe Zäune. Das war für ihn nichts Besonderes, sondern völlig normal. Er diskutierte Konflikte mit anderen Rüden wie Tito aus, ohne dass es dabei üblicherweise eskalierte. Aber an einer Leine, in einem Park, bei Aktivitäten, die für viele Hundehalter in Zentraleuropa ganz normal sind, könnte ein Hund wie er schnell zum „unverträglichen Problemhund" werden. Obwohl ich jeden Tag fasziniert war, wie gut er Konflikte lösen konnte, wusste ich, wie schnell solche sehr charakterstarken und dominanten Hunde zu Problemhunden werden. Nicht aufgrund schlechter Sozialisierung, aber einfach deshalb, weil sich so ein Hund wie Kreo sehr schwer damit tun würde, an unzähligen Hunden ruhig vorbeizugehen, die ihn anbellen und an der Leine ausrasten. Und nachdem meiner Erfahrung nach acht von zehn Hunden in Zentraleuropa ausrasten, wenn man mit einem anderen Hund an ihnen vorbei geht, wäre das sicher schwer für Kreo.

Aber ich verstehe auch die Ansicht von Chryssa, der Frau aus dem Souvenir-Shop! Sie hatte mich am zweiten Tag in dem Ort zwei Stunden herumgeführt und mir viel von der Geschichte der Stadt und vor allem viel über die einzelnen Straßenhunde erzählt. Anders als in der Türkei waren es hier keine Hunde, die seit Generationen auf der Straße lebten, sondern es waren ausgesetzte Hunde. Das sah man ihnen auch an. In Ländern wie der Türkei setzen sich gewisse Hundetypen durch. In der Türkei sieht man besonders auf dem Land viele Kangal-Mischlinge, in Rumänien häufig Hunde, die an Schäferhund-Mixe oder flauschige weiß-schwarz gefleckte Herdenschutzhund-Mischlinge erinnern.

Hier nahe Korinth waren es Mixe aus ganz unterschiedlichen Rassen. Kreo war undefinierbar. Tito war eindeutig ein Retriever-Mix und wahrscheinlich hatte bei ihm zusätzlich noch ein Herdenschutzhund mitgemischt, aufgrund der Größe und des Charakters. Dann gibt es noch zwei andere Hunde im Ort, einen Jagdhund- und einen Kurzhaarcollie-Mix.

Der Jagdhund- und der Kurzhaarcollie-Mischling würden sich aus meiner Sicht als Haushunde hervorragend eignen. Beide waren ebenfalls ausgesetzt worden. Sie wurden zwar mehr als gut versorgt, aber gerade bei ausgesetzten Straßenhunden finde ich es absolut ethisch, sie zu vermitteln. Bei Hunden, die seit Generationen auf der Straße leben, bin ich hingegen immer skeptisch.

Für Tito und Kreo hätte man aufgrund der Charaktere schon einen sehr speziellen Platz finden müssen, wo sie gut hinpassen würden!

Kreo in der Fußgängerzone

Chryssa würde am liebsten alle Hunde vermitteln. Aber warum? Grundsätzlich dürfen Straßenhunde in Griechenland nicht einfach gefangen und getötet werden. Aber nach Angaben von ihr und Irini, einer anderen Frau, die den Infostand einer Touristenattraktion betreute, wurden vor einigen Jahren sämtliche Hunde während eines Festes, bei dem alle Menschen gefeiert hatten und niemand aufgepasst hatte, gefangen und getötet. Auch viele Haushunde, die, wie es hier häufig üblich ist, allein spazieren gehen!
Ihre Ansicht, dass es das Beste ist, alle Hunde zu vermitteln, kann ich also genauso nachvollziehen, wie die Ansicht der Frau aus dem Supermarkt, die alle Hunde frei leben lassen wollte. Wir können nicht in die Zukunft blicken und wissen nicht, ob die Hunde hier immer friedlich leben werden oder nicht und solange wir das nicht vorhersagen können, kann ich beide Ansichten sehr gut verstehen.

Besonders in diesem Ort hatte ich das Gefühl, dass alle Hunde liebten!

Ich trackte dort letztlich drei Hunde. Kreo, Tito und den Jagdhund-Mix „Goofy". Wenn ich in der Früh durch die Fußgängerzone ging, auf dem Weg zu den Hunden, um sie unauffällig zu beobachten, wartete schon die Supermarktfrau auf mich, um die Aufzeichnungen der letzten 24 Stunden zu sehen. Der Metzger, vor dessen Geschäft Kreo immer lag, wollte auch wissen, was Kreo, „sein" Straßenhund, so machte, wie viel er rannte, schlief usw. Er konnte sehr gut Englisch und interessierte sich sehr für das Projekt.

Mit Chryssa vom Souvenir-Shop und Irini vom Infostand sprach ich am meisten. Chryssa winkte mich immer in ihren Shop, wenn sie mich vorbeigehen sah. Bald fing ich an, vor dem Beobachten der Hunde in eine Konditorei zu fahren, um ihr und ihrer Mutter, mit der sie gemeinsam den Shop führte, eine Kleinigkeit für die Pause mitzubringen. Jeden Tag plauderten wir über die Hunde, welcher Hund was gemacht hatte, und sie erzählte mir viele Geschichten. Sie berichtete, dass vereinzelt „auffällige" bzw. „nervige" Hunde vergiftet wurden. Niemand wusste, wer das tat, aber es passierte leider gelegentlich. Ich konnte daher auch gut nachvollziehen, dass sie lieber auf Nummer sicher gehen wollte und immer versuchte, alle Hunde zu vermitteln. Chryssa und Irini halfen auch gemeinsam mit einer Tierschutzorganisation, Hunde ausreisefertig zu machen, wenn Touristen einen der Straßenhunde adoptieren wollten.

Stefan blieb in dieser Zeit oft im Apartment bei Yari und unserem Pflegehund Billy, der zu dem Zeitpunkt noch nicht so gut allein bleiben konnte.

Billy kam im Alter von vier bis fünf Monaten in ein Public Shelter in Rumänien. Im Alter von sechs Monaten hätte er getötet werden sollen. Eine Tierschützerin hatte ihn in ihr Tierheim genommen. Allerdings war Billy von Anfang an so scheu, dass ihn nie jemand anfassen konnte. Er hatte sieben Jahre hinter Gittern gelebt. Wir nehmen jedes Jahr genau solche „hoffnungslosen" Fälle in Pflege, trainieren sie, drehen über das Training neue Online-Seminare, um Menschen zu zeigen, wie man auch mit schwierigen Hunden arbeiten kann, und suchen dann gemeinsam

Straßenhund versus Haushund: zwei Welten

mit dem Tierheim ein neues Zuhause für die Hunde. Unsere Pflegehunde begleiten uns immer auf den mehrmonatigen Europatouren, erleben viele Abenteuer mit uns, was ihnen auch hilft, mutiger zu werden.

Billy war zu dem Zeitpunkt, als wir in Griechenland waren, schon ein toller Begleiter geworden – noch etwas nervös manchmal, aber das konnte man ihm bei der Geschichte nach nur wenigen Wochen Training nicht verübeln. Nur das Alleinebleiben war noch etwas schwierig und deshalb musste immer einer von uns bei den Hunden bleiben.

Unsere Hunde immer mitzunehmen, würde die Arbeit aber stören und das Verhalten der Straßenhunde verfälschen. Stefan hatte sich oft Sorgen gemacht, wenn ich so lange weg war und mit Irini geplaudert hatte. Auch mit ihr hatte ich stundenlang über die Situation mit den Straßenhunden gesprochen. Es ist für mich sehr wichtig, die Meinungen und Ansichten der Einheimischen zu hören. Es öffnet einem häufig noch einmal ganz neue Perspektiven.

Irini fütterte genauso wie Chryssa und der Mann von der Metzgerei die Hunde. Hinter dem Infostand stand eine große Futterschüssel mit Trockenfutter und eine Wasserschüssel. Irini machte sich Sorgen im Tito. Tito war sehr dominant. Er startete oft Knurrduelle mit Kreo oder anderen Straßenhunden. Zwar artete es nie in einem Kampf aus, aber sie hatte Angst, dass Tito früher oder später von irgendjemandem vergiftet würde. Andererseits sagte sie selbst, dass es schwierig wäre, Tito zu vermitteln, weil er einen sehr dominanten Charakter hatte. Optimal wäre ihrer Meinung nach für ihn ein großes Grundstück, das er verteidigen dürfte.

TITOS TRACKING-ERGEBNISSE

Tito war ein richtig gemütlicher Kerl! Der Aktivitätentracker zeichnete bei ihm keine einzige Minute Rennen/Sprinten auf, sondern fast ausschließlich Gehen/Laufen (35 bis 95 Minuten/Tag). An einem einzigen Tag wurden 10 Minuten Spielen aufgezeichnet. „Spielen" sind z. B. immer abrupte Bewegungen, viele Richtungswechsel. Tito hatte nie gespielt und an dem Tag, an dem die 10 Minuten Spielen aufgezeichnet wurden, hatte er eine kleine Verletzung an der Lefze, die allerdings recht stark geblutet hat.

Man muss immer die Beobachtungen mit den Daten kombinieren und in dem Fall waren diese abrupten Bewegungen, die der Aktivitätstracker als „Spiel" interpretiert hat, sehr wahrscheinlich ein Konflikt mit einem Artgenossen.

Tito schlief viel, rund 10 bis etwas über 13 Stunden/Tag! Wenn er wach war und nicht gerade jemand in sein Revier spazierte, verbrachte er den Tag sehr gemütlich, nämlich mit weiteren 10 bis 12,5 Stunden ruhiger Aktivität. Ruhige Aktivität kann sowohl Stehen und Schnüffeln, als auch Liegen und Beobachten bedeuten. In beiden Fällen nimmt der Aktivitätstracker in regelmäßigen Abständen eine leichte Aktivität wahr. In Titos Fall dürfte das meiste davon Liegen und Beobachten gewesen sein. Er war ein sehr gemütlicher Hund, wenn auch mit einer sehr starken Persönlichkeit! Die meiste Zeit lag er in „pole position" unter den Tischen eines Restaurants. So musste er sich nicht einmal bewegen, um an Futter zu kommen – warten reichte!

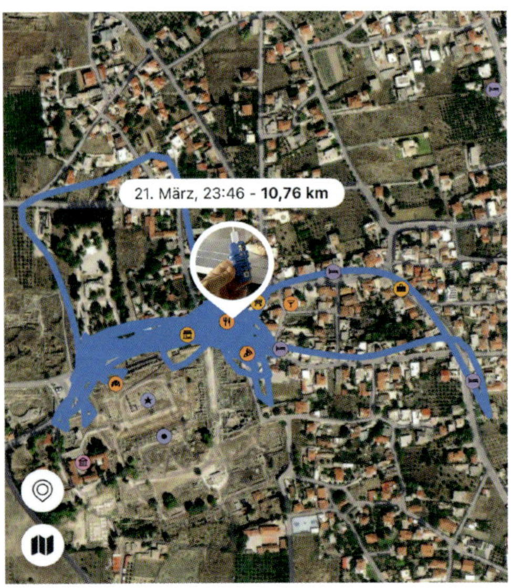

Zeitig in der Früh, meistens gegen 3:00 Uhr morgens, und gegen 18:00 Uhr am Abend war Tito eine für seine Verhältnisse größere Runde spazieren. Wir konnten rund 10 Kilometer/Tag aufgezeichnen. Aber auch in diesem Fall muss man einige Kilometer aufgrund der vielen Gebäude, die das Signal stören, genau wie bei Kreo, kombiniert mit den Beobachtungen abziehen. Ich würde sagen, er ist pro Tag rund 5 Kilometer weit gegangen und das in gemütlicher Tito-Manier über den Tag verteilt.

Tito war mit Abstand der dominanteste Hund in „seiner" Gasse. Er war der Ansicht, dass alles ihm gehörte: sein Revier, sein Futter, seine Menschen. Und er hatte kein Problem damit, das jedem sehr direkt deutlich zu machen. Tito hatte ein ruhiges, aber unfassbar klares und bestimmtes Auftreten. Er war nicht unkontrolliert aggressiv. Er wäre nie auf einen Hund zugestürmt und hätte ihn gebissen. Vielmehr stand er ruhig auf, wenn ein Hund „seine" Zone betrat, machte sich groß und knurrte. Dabei schaute er den anderen Hund so durchdringend an, dass ich als Hund sofort das Weite suchen würde. Die meisten Hunde machten dann auch genau das. Mit Ausnahme von Kreo, der meistens Kontra gab. Da eskalierte der Konflikt aber nie. Es sah immer aus wie ein Anstarr-Duell, also wer es länger aushielt, den anderen anzustarren und anzuknurren. Tito gewann dieses Duell ausnahmslos immer. Kreo hörte irgendwann auf.

Tito beeindruckte mich wirklich! Er hatte das, was ich unseren Kunden immer versuche zu vermitteln: den hunderprozentigen Fokus auf das Ziel. Tito überlegte nie, ob er Kreo aus seiner Zone vertreiben konnte, er wusste, dass Kreo gehen würde! Er war sich zu 100 Prozent sicher! Und das spürte Kreo und ging dann meistens recht zeitnah.

Dasselbe ist im Training so wichtig! Viele Hunde sind nicht „schlimm", weil sie schlecht trainiert worden wären. Die Idee hinter dem Training, das die Hundehalter verfolgen, ist oft sehr gut. Aber was immer entscheidend ist, ist die eigene Einstellung – das Mindset. Ich kann nach der besten Methode trainieren, wenn ich jedoch ständig denke: „Hoffentlich funktioniert das. Was mache ich, wenn es nicht klappt, meine Nachbarin hat auch schon so viel probiert, und der Hund ist immer noch so schlimm!", dann ist die Methode, nach der ich arbeite, komplett irrelevant, es wird nicht funktionieren. Wenn ich umgekehrt mit der Einstellung an ein Thema herangehe und mir denke: „Ich werde einen Weg finden und wenn ich keinen Weg finde, dann baue ich den Weg!", dann ist die Wahrscheinlichkeit, Erfolg zu haben, selbst wenn die Methode nicht optimal ist, um 200 Prozent höher!

Nicht jeder Hund hat so einen klaren Fokus wie Tito. Zum Glück – ich habe jeden Tag so viel von Tito gelernt, wäre Tito allerdings ein Haushund, würde er bei den meisten Menschen sehr schnell versuchen, diese zu erziehen, statt umgekehrt.

Goofy bei Korinth

Goofy tagsüber bei einer Touristenattraktion

DER FRECHSTE STRASSENHUND!

Und dann war in derselben Gasse wie Kreo und Tito noch ein Hund – Goofy! Goofy wurde mir von Irini und Chryssa vorgestellt, als Chryssa mich an einem Morgen zwei Stunden durch den Ort geführt hatte. Ich zog ihm direkt ein Halsband mit Tracker an. Aber er war ein richtig frecher, gerissener Kerl! Ich hatte immer Wurst dabei, um das Vertrauen der Hunde erst zu gewinnen und ihnen dann ganz nebenbei das Halsband anlegen zu können. Ich hatte also eine Stofftasche mit Wurst, Kamera, Trackern in der einen Hand und ein großes Stück Wurst in der anderen Hand. Goofy war sehr zugänglich, kam direkt her, schnupperte an der Wurstscheibe und schnappte dann innerhalb einer Millisekunde nach meiner Tasche, packte sie fest und versuchte damit zu flüchten.

Nachher erfuhr ich, dass das sein Trick war, also nicht nur ein Leckerchen zu bekommen, sondern sich alles an Futter zu schnappen, was die komischen Zweibeiner dabeihaben. Ein richtig cleverer Kerl! Ich hielt die Tasche zum Glück fest genug, und er probierte danach nie wieder seinen „Trick" an mir aus. Offenbar hatte er mich als die Frau „abgespeichert", die ihre Tasche nicht hergibt, und entschied sich dann dafür, die Wurst aus der Hand zu nehmen und sich das Halsband relativ problemlos anlegen zu lassen.

Goofy liegt beim Infostand.

Futterstellen am Infostand

Wasserstelle im Ort für die Hunde

GOOFYS TRACKING-ERGEBNISSE

Goofy war 130 bis über 265 Minuten am Tag hochaktiv. Der Tag, an dem wir 265 Minuten, also die höchste Aktivität, aufzeichneten, war der Tag, an dem ich ihm das Halsband angezogen hatte. Er trug das Halsband an dem Tag also noch keine vollen 24 Stunden. Aber genau an diesem ersten Tag (den ich normalerweise nicht in die Aufzeichnungen aufnehme, weil es nicht 24 Stunden sind) begleitete er Touristen auf eine sehr weite Strecke auf einen Berg. Oben legte er sich dann auf die Wiese, machte eine Pause und ging dann wieder zu seinem „Stammplatz“ bei Irinis Infostand.
In den folgenden Tagen war er nie wieder so aktiv und auch nie wieder so weit weg entfernt von seinem Lieblingsplatz. An allen anderen Tagen war die höchste Aktivität, die wir gemessen hatten, 195 Minuten/Tag.

Goofy war an allen Tagen, an denen wir 24 Stunden Aktivitätentracking aufgezeichnet hatten, also 130 bis 195 Minuten/Tag hochaktiv. 85 bis 165 Minuten/Tag verbrachte er mit Gehen/ruhigem Laufen (rund 1,5 bis 2,5 Stunden). 5 bis 10 Minuten/Tag mit Rennen/Sprinten und 25 bis 40 Minuten/Tag mit Spielen. Anders als Tito spielte Goofy wirklich immer wieder, und zwar meistens mit Apollo, dem Kurzhaar-Collie-Mix.

Ruhige Aktivität maßen wir bei Goofy 7,5 bis 11 Stunden/Tag und geschlafen hatte Goofy rund 10 bis 14 Stunden/Tag.

Goofy war extrem standorttreu. Er ging nie weit von seinem Platz weg. Ganz selten lief er einmal eine Gasse hoch, um Touristen zu verfolgen, die ihm etwas besonders Leckeres gefüttert hatten (obwohl er 24/7 Zugang zu Trockenfutter und Wasser hatte, aber Touristen haben eben meistens besseres Futter). Nach so einem kleinen und seltenen Ausflug kehrte er allerdings immer sofort zu seinem Stammplatz zurück. Obwohl er einen winzigen Radius hatte, verglichen mit anderen Hunden wie Jack, die täglich durch viele unterschiedliche Gegenden spaziert waren (siehe Seite 118), oder einem Straßenhund aus Bulgarien, der täglich teilweise 25 Kilometer weit gegangen war (siehe Seite 176), war er trotzdem mit 1,5 bis 2,5 Stunden hoher Aktivität kein fauler Hund, nur dass sich alle seine Aktivitäten eben auf einem sehr begrenzten und überschaubaren Platz abspielten.

Dieses Phänomen beobachteten wir immer wieder. Es gab Hunde, die unabhängig von ihrer Aktivität, sehr standorttreu waren, und es gab andere, die teilweise sogar inaktiver waren, jedoch einen viel größeren Radius hatten, in dem sie sich bewegten.

Wir rätselten lange, was den Unterschied ausmacht zwischen Hunden, die sich fast nie von einem Ort wegbewegen, und Hunden, die durch den ganzen Ort und über den Ort hinaus spazieren gehen. Wir versuchten, Muster zu erkennen. Wir stellten uns die folgenden Fragen:

- Sind es vielleicht unkastrierte Rüden, die einen größeren Radius haben?
- Haben Hündinnen allgemein einen kleineren Radius?
- Bleiben Hunde mit einer fixen Bezugsperson eher an einem Ort?
- Sind es die Hunde, die Futter suchen, die weniger standorttreu sind?

Immer wenn ich dachte, ich hätte den Grund gefunden, trackten wir die nächsten Hunde und mein neues „Erklärungskonzept“ wurde auf den Kopf gestellt.

Alle oben aufgeführten Fragen kann ich nur mit „Nein“ beantworten. Wir haben kastrierte Rüden mit einem riesigen Radius getrackt, unkastrierte wie Goofy mit einem winzigen Radius und umgekehrt.

Wir haben Hündinnen getrackt wie Lexi aus Bulgarien (siehe Seite 176), über die ich später noch mehr schreiben werde, die 25 Kilometer/Tag gelaufen ist, sowie einige andere Hündinnen, die ebenfalls täglich beachtliche Strecken zurückgelegt hatten. Daran lag es also nicht. Auch die Bezugspersonen waren nicht der Grund. Wir haben so viele Hunde mit fixen Bezugspersonen getrackt. Manche legten weite Strecken zurück, manche entfernten sich praktisch gar nicht von ihren Bezugspersonen bzw. Stammplätzen. Und es waren auch nicht die Hunde, die nach Futter gesucht haben, die die meisten Kilometer gelaufen sind. Die Hunde, die mit Abstand die meisten Kilometer quer durch die Berge gelaufen sind, hatten 24/7 Futter in Futterstationen verfügbar.

Aus meiner Sicht ist es in erster Linie eine Charaktersache und kein Verhalten, das von Umständen beeinflusst wird. Umstände haben zwar einen Einfluss, das sahen wir z. B. an Regentagen, an denen fast alle Hunde deutlich weniger aktiv waren als bei schönem Wetter, aber der weitaus größere Einfluss ist in meinen Augen der Charakter bzw. die Genetik. Zwei Hunde, die sehr ähnlich aufgewachsen sind, können sich trotzdem komplett konträr verhalten.

Und genau deshalb ist es auch so wichtig, genau zu überlegen, welcher Hund in das eigene Leben passt. Ein Welpe ist kein unbeschriebenes Blatt. Ganz im Gegenteil. Ein Welpe ist ein „vollgeschriebenes Blatt". Vollgeschrieben mit einem eigenen Charakter und genetischen Anlagen. Das Blatt ist noch zu 20 Prozent leer. Diese 20 Prozent stehen uns zur Verfügung, um das Verhalten mit Erfahrungen, Training und Erziehung zu formen. Aber wir können die 80 Prozent „Text" über Genetik und Charakter auf diesem Blatt nicht einfach löschen oder überschreiben.

Wir können nur innerhalb der genetischen Möglichkeiten trainieren!

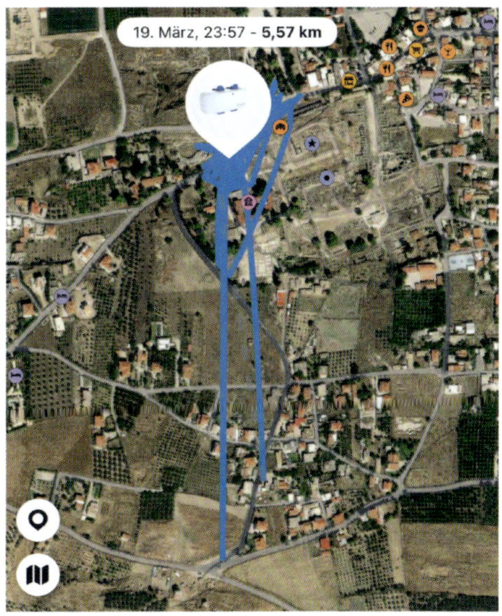

Goofy entfernt sich nie weit von seinem Stammplatz.

Und oft hat ein Hund ganz andere Anlagen als man vermuten würde. Bei Goofy, dem ca. fünf Jahre alten unkastrierten Jagdhund-Mix (siehe Seite 134) bin ich von einem deutlich größeren Radius ausgegangen. In Bulgarien haben wir vergleichbare Hunde, Jagdhund-Mischlinge in einem ähnlichen Alter, getrackt, die einen sehr großen Radius hatten. Aber offenbar hatte bei Goofy irgendetwas anderes „durchgefärbt", sodass er zwar nicht wenig aktiv war, sich jedoch lieber nur an seinem ihm vertrauten Ort aufgehalten hatte.

Was wurde aus diesen Hunden?

Selten hatten wir einen so intensiven Kontakt zu Einheimischen wie mit Irini und Chryssa. Zwar sprechen wir fast immer mit Einheimischen und lernen viel über die Hunde, aber selten ist jemand so interessiert und kann zugleich so gut Englisch, dass sich daraus ein so intensiver Kontakt entwickelt.

Während ich diese Zeilen an meinem Manuskript schreibe, habe ich parallel kurz eine Whatsapp-Nachricht an Irini getextet und sie gefragt, was ein knappes halbes Jahr später aus den Hunden geworden ist. Sie antwortet mir, dass Tito von einer wohlhabenden Frau, die Touren in dem Ort leitet, adoptiert wurde!
Apollo, der Kurzhaarcollie-Mix, ist vor einigen Monaten verschwunden. Es war ein sehr zugänglicher Hund, der humpelte. Ich kann mir gut vorstellen, dass Touristen ihn adoptiert haben, aber wir müssen realistisch sein, es ist genauso gut möglich, dass er einen Autounfall hatte und deswegen verschwunden ist.

Goofy ist leider fast an Leishmaniose gestorben. Irini hat dafür gesorgt, dass er regelmäßig Medikamente bekommt. Sie arbeitet mittlerweile nicht mehr am Infostand, aber bringt ihren Kollegen, die ich ebenfalls kennengelernt habe und die sich auch um die Hunde kümmern, regelmäßig die Medikamente für Goofy vorbei und zahlt die Kosten aus eigener Tasche. Sie schreibt: „Everyone is taking care of him and he seems happy" (Jeder kümmert sich um ihn und er wirkt glücklich!). Ich kenne Irini so gut, dass ich weiß, dass das, was sie sagt, auch stimmt. Sie ist eine der tierliebsten Menschen, die ich je getroffen habe! Von Kreo weiß sie nichts. Er war immer am anderen Ende der Fußgängerzone und nie in der Nähe vom Infostand.

Für mich ist es schön, zu sehen, dass diese Hunde, die ausgesetzt wurden und für mich eine ganz eigene Kategorie von „Straßenhunden" sind, vermittelt werden. Und vor allem finde ich es wunderschön, dass für Goofy, einem der süßesten und frechsten Straßenhunde, dem ich je begegnet bin, so gut gesorgt wird! Er wäre definitiv ein toller Haushund – im Gegensatz zu vielen Straßenhunden, die seit Generationen frei leben –, aber er hat so durch die Kollegen von Irini auch in gewisser Weise ein Zuhause mit Bezugspersonen und Menschen, die sich um ihn kümmern.

Ich finde, dass es definitiv Sinn macht, Hunde zu adoptieren, statt vom Züchter zu kaufen. Wichtig ist nur, sehr gut darauf zu achten, woher man die Hunde adoptiert und was man damit fördert. Manche Menschen retten Hunde und helfen ihnen wirklich, andere interpretieren sehr viel Menschliches in Situationen und reißen

Hunde aus ihrem Umfeld und andere wiederum sehen es als Geschäftsmodell. Die Grenzen dazwischen verschwimmen nicht selten. Darum bin ich absolut für Adoptieren, aber für überlegtes Adoptieren!

Stefan und ich hatten uns in diesem kleinen Ort nahe Korinth so wohl gefühlt. Vor allem hatten wir das Gefühl, hier die tierliebsten Menschen auf der ganzen Reise getroffen zu haben. Selbst die Frau von unserem Apartment erzählte uns am ersten Tag, dass sie „ihre" Katze, bzw. die Katze, die sie immer fütterte, seit ein paar Tagen vermisste und ob wir ihr Bescheid geben könnten, falls wir sie sehen würden.

Einige Wochen nachdem wir weitergefahren waren, hatte sie mir extra eine Nachricht geschrieben, um mir zu sagen, dass die Katze wieder da war. Sie schrieb, sie hätte sich so gefreut, die Katze wiederzuhaben, dass sie es unbedingt mit uns teilen wollte. Solche kleinen Momente sind einfach die, die ich nie vergessen werde.

Wir fahren weiter nach Ipsilo.

Scheuer Straßenhund in der Nähe von Ipsilo am Straßenrand

Oreo und Brownie vor dem Haus des Hirten

WAS MACHEN ZWEI HIRTENHUNDE DEN GANZEN TAG?

OREO UND BROWNIE

In Ipsilo fanden wir ein Apartment und die zwei Hunde des Hirten nebenan begrüßten uns direkt. Wir baten die Frau, der das Apartment gehörte, uns zu übersetzen. Sie machte das gern und es stellte sich heraus, dass einer der Hunde, Oreo, ein zwei Jahre alter, unkastrierter Rüde, von der Frau sogar aufgezogen wurde. Oreo war als Welpe schwach und krank und wurde von ihr und ihrer Familie aufgepäppelt. Nun lebte er wieder gemeinsam mit seiner Mutter, die komplett anders aussah als er, bei dem Hirten. Der Hirte nutzte beide Hunde sowohl zum Hüten als auch als Herdenschutzhunde.

Als wir den Hirten und die zwei Hunde kennenlernten, war es gerade März, aber noch immer sehr kalt. Die Schafe waren fast ausschließlich im Stall oder auf einer kleinen Wiese vor dem Stall. Die Hunde hatten also keinen Job. Wir fragen uns, was die Hunde dann den ganzen Tag machten? Ging der Hirte mit ihnen spazieren? Spielte er mit ihnen Ball?

Die Frau vom Apartment übersetzte und fragte den Hirten, ob wir den Hunden unsere Halsbänder mit GPS- und Aktivitätstracker anlegen dürften. „Ja, das ist kein Problem", erwiderte er, „wenn du sie selbst an- und ausziehst. Ich kann das nicht!"

Oreo war ganz aufgeregt, weil so viel los war. Er war allgemein ein sehr verspielter, extrovertierter, junger Hund. Zwischendurch versuchte er, den Hirten mit einer

Oreo und Brownie in der Ortschaft, in der sie mit dem Hirten und Schafen leben

komplett verspielten Körperhaltung anzuspringen oder zum Spielen aufzufordern, aber der Hirte hatte eindeutig Angst vor Oreo. Ich kannte diese Reaktion ja bereits von vielen Hirten, es überraschte mich jedoch immer wieder. Wie konnte es sein, dass Menschen seit Generationen so eng mit Hunden zusammen leben, zusammenarbeiten, am Klang des Bellens unterscheiden können, ob sich ein Bär, Wolf, Straßenhund oder Mensch nähert, den Hunden Anweisungen geben und sie für ihre Anforderungen trainieren können, aber nicht imstande sind, eine Spielaufforderung von Drohverhalten zu unterscheiden, und sich nicht trauen, ihren eigenen Hunden ein Halsband anzuziehen?

Ich verstehe es immer noch nicht, ich bin allerdings auch anders aufgewachsen. Viele Hirten sind sehr arm. Oft können sie nicht lesen und schreiben und leben nicht selten sehr isoliert. Vielen gefällt das! Ein Hirte in Sibiu in Rumänien hatte zu uns gesagt, er könne sich nichts Schöneres vorstellen, als den ganzen Tag in der Natur zu sein. Zur Mittagszeit sahen wir den Hirten, der auch nicht mehr der Jüngste war, oft im Gras schlafen. Er lag einfach ausgestreckt im Gras zwischen seinen Hunden. Als ich ihn das erste Mal so sah, dachte ich, er sei gestorben. Er lebte in einem selbstgebauten Verschlag aus Paletten und Plastikplanen. Er meinte, ihm gefalle dieses Leben in der Natur. Es ist ein anderes Leben, ein anderes Weltbild, das für Menschen wie uns aus dem Westen nicht immer ganz nachvollziehbar oder logisch erscheint.

Auch wenn ich immer noch nicht verstehe, wie man seinen Hund auf der einen Seite so fein lesen kann, am Klang des Bellens so viel erkennt und dann auf der anderen Seite nicht einmal eine ganz offensichtliche Spielaufforderung versteht, – wenn ich mir den Hirten mit seinem Hund anschaue und sie mit vielen Menschen im Westen mit ihren Hunden vergleiche, dann wirkt bei dem Hirten trotzdem alles harmonischer.

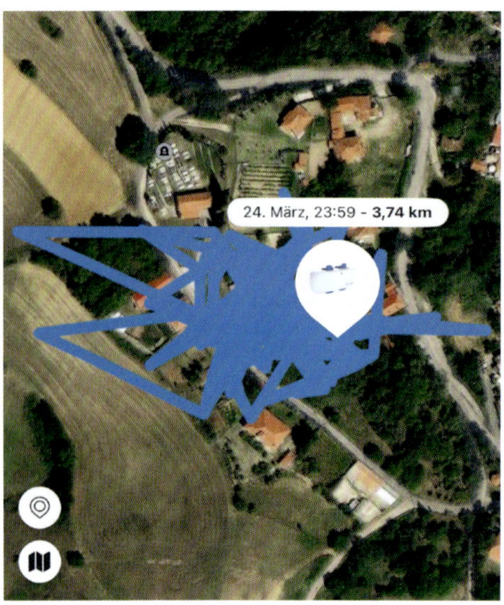

Alles, was für ihn und den Hund im Alltag Sinn machte, war perfekt eingespielt. Alles außerhalb dieses Rahmens war für ihn komisch. Er spielte nicht mit seinem Hund. Die Hunde spielten untereinander. Das mag für uns merkwürdig sein, ist für viele Hirten aber normal. Man hat das immer so gemacht. Umgekehrt würde er mich wahrscheinlich amüsiert anschauen, wenn ich mit meinem Hund, der nicht an den Schafen ausgebildet ist, versuchen würde, seine Schafe von A nach B zu bringen. Und im Endeffekt ist das doch perfekt. Der Hund kann das, was der Hirte im Alltag braucht. Nicht mehr und nicht weniger.

OREOS TRACKING-ERGEBNISSE

Oreo und seine Mutter mit dem rotbraunen Fell, bei dem man nie vermuten würde, dass die beiden verwandt waren, machten laut dem Hirten einen guten Job und waren gute Hunde. Auch wenn sie zu der Jahreszeit genau gar nichts taten. Ich kenne keinen Hirten, der mit den Hunden spazieren geht, wenn die Schafe im Stall sind. Oreo hatte also während dieser Zeit Pause.

Er war zwischen 30 bis 35 Minuten/Tag hochaktiv. Davon 0 bis 5 Minuten Rennen/Sprinten, 10 bis 15 Minuten Von-A-nach-B-Gehen und 15 bis 20 Minuten Spielen bzw. in seinem Fall machte zumindest ein Großteil das Jagen und Verbellen von Autos aus, was der Aktivitätstracker durch die schnellen, abrupten Bewegungen als Spielen interpretierte.

„Dann schlief Oreo sicher 15 Stunden am Tag?"

Nein, gar nicht so viel! Geschlafen hatte er nur 9 bis 10 Stunden/Tag, dafür beobachtete er aber viel (= ruhige Aktivität), nämlich rund 14 Stunden/Tag.

BROWNIES TRACKING-ERGEBNISSE

Oreos Mutter „Brownie“ war da schon deutlich aktiver. Sie war etwa 3,5 Jahre alt und bellte für ihr Leben gern. Alles, was auch nur irgendwie anders war als der Rest des Tages, wurde angekläfft.

Sie war 40 bis 65 Minuten/Tag hochaktiv. Davon 0 bis 20 Minuten Rennen/Sprinten, 5 bis 50 Minuten Von-A-nach-B-Gehen und 15 bis 20 Minuten Spielen bzw. auch in ihrem Fall machte zumindest ein großer Teil das Jagen und Verbellen von Autos aus, was der Aktivitätstracker bei ihr ebenfalls durch die schnellen, abrupten Bewegungen als Spielen interpretierte.

Ruhige Aktiviät hatten wir bei Brownie rund 14 bis 15 Stunden/Tag gemessen und geschlafen hatte sie etwa 8,5 bis 9 Stunden/Tag.

Brownie war genauso wie Oreo leider nicht kastriert, wie so viele Hunde in Griechenland. Aber es ist auch schwierig. Wer kümmert sich um die Nachsorge? Wie zieht man die Fäden von einem Hund, der es nicht kennt, angefasst zu werden? Natürlich ist das alles theoretisch möglich, allerdings nicht unbedingt im Interesse jedes Hirten. Manche lassen ihre Hunde kastrieren und machen sich viele Gedanken. Ich bin der Meinung, dass wir sehr viel von Hirten und ihrem ursprünglichen, natürlichen Umgang mit Hunden lernen können. Trotzdem denke ich, wir dürfen das nicht idealisieren. Es sind häufig sehr arme Menschen, die sehr wenig Zugang zu Bildung in ihrem Leben haben.

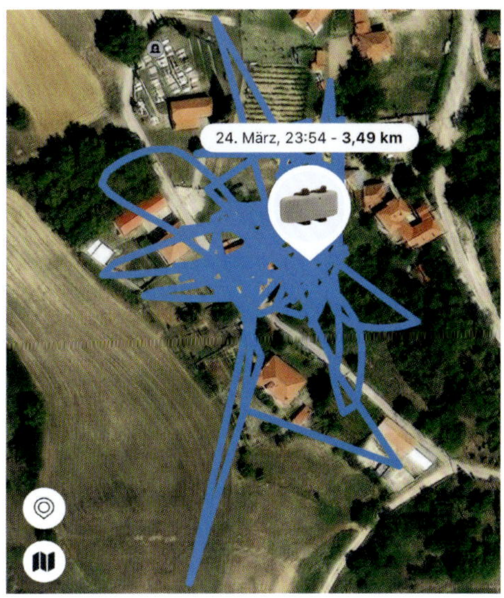

AUF DEM WEG IN DEN NORDEN

Auf dem Weg zu einem Ort in der Nähe von Kozani im Norden von Griechenland machten wir Halt und verbrachten zwei Nächte in einem Hotel in der Nähe eines kleinen Nationalparks. Auch hier waren alle sehr hundefreundlich. Das Hotel besaß sogar einen eigenen kleinen, weißen Hund. Es war eine alte Hündin, eine ehemalige Straßenhündin, die der Hotelbesitzer irgendwann gefüttert hatte und dann fester Bestandteil des Hotels geworden war.

Die Hündin schlief draußen in einer Hundehütte unter dem Dach der Hotelterrasse. Das mag für westliche Verhältnisse ungewöhnlich sein, Hunde draußen zu halten. Aber hier ist es sehr warm. Die Menschen verbringen selbst viel Zeit im Freien und in der Nacht ist man froh, wenn der kleine Hund als Alarmanlage fungiert. Immerhin stand schon einmal ein Bär im Garten des Hotels – nichts Ungewöhnliches für die Gegend und ein weiterer Grund, warum viele ihre „Hunde-Alarmanlagen" halten.

Vermeintlicher Straßenhund mit Straßenkatzen vor unserem Apartment bei Kozani

Als wir in unserem nächsten Apartment in der Nähe von Kozani ankamen, stand die Nachbarin, eine ältere Frau, auf dem Gehweg und goss ihre Blumen. Neben ihr war eine gefleckte, sehr dicke, aber dreckige Hündin. Theoretisch war ihr Fell weiß mit ein paar einzelnen Flecken. Praktisch sah sie eher grau aus, weil sie sich wohl irgendwo im Staub gewälzt hatte.

Ich stellte der älteren Frau meine Standardfrage, die ich mittlerweile in unzähligen Sprachen auswendig gelernt hatte, aber diesmal gar nicht brauchte, da sie Deutsch sprach.

„Ist das ein Straßenhund? Gehört der Hund jemandem?"
Antwort: „Nein, die ist arm! Sie hat niemanden, der sich um sie kümmert!"
Frage: „Aber sie ist sehr dick, viel zu dick eigentlich! Woher bekommt sie so viel Futter?"
Antwort: „Ja, ich füttere sie! Sie tut mir leid. Kannst du sie nicht vermitteln!"

Nach langem Hin und Her, wie arm der Hund wäre, weil er ja keine Bezugsperson hätte, einigten wir uns darauf, ihr für eine Woche ein Halsband mit GPS- und Aktivitätstracker anzuziehen und dann weiterzusehen.

Das Halsband war keine 30 Minuten an der Hündin und sie verschwand zusammen mit einer ganzen Schar an Katzen in einem Garten. Dort sah ich, wie ein Mann, dem das Halsband gerade aufgefallen war, sichtlich besorgt war, was der Hund da um den Hals trug. Ich machte mich hinter dem Gartenzaun bemerkbar und klärte die Situation auf.
Nur wenige Gärten weiter wohnte ein älterer Mann und ihm „gehörte" der Hund. (Auch hier spricht man weniger von „gehören", sondern eher davon, dass der Hund hier dazugehört, man sich um ihn kümmert und er hier wohnt.) Er wollte auf keinen Fall, dass der Hund vermittelt wird und wusste nicht, dass die alte Frau die Hündin fütterte.

Ich nahm das Halsband natürlich sofort ab, etwas frustriert, weil ich auf neue Daten gehofft hatte, aber irgendwo wieder ein Stück weit fasziniert, dass eine Frau, die im gleichen Ort wohnte, der Meinung war, der Hund hätte niemanden und 30 Minuten später bekam die Hündin auf der Terrasse des alten Mannes ihr zweites Abendessen.

Hinter dem Apartment lagen fünf große Herdenschutzhund-Mixe mitten im Weg auf der kleinen Nebenstraße im Dorf. Ich fragte bei dem Garten, vor dem die Hunde lagen, nach, und mir wurde gleich erklärt, dass die Hunde hier zum Garten gehörten. Die Leute hatten Angst, ich wäre von einem Tierschutzverein, der die Hunde in ein Tierheim bringen würde. Nachdem mir nicht geglaubt wurde, dass ich von keinem Tierschutzverein bin und die Sprachbarriere relativ groß war, gaben wir es schließlich auf und fuhren in die etwas größere etwa 15 Minuten entfernte Stadt.

BOBBY – DER TANKSTELLENHUND

Auf dem Weg dorthin hielten wir an einer Tankstelle außerhalb der Stadt an, um zu tanken. Und siehe da, ein großer, brauner, freundlicher Hund begrüßte uns. Der Tankwart war sehr freundlich, konnte etwas Englisch und ich stellte auch ihm meine Standardfrage:

„Ist das ein Straßenhund? Gehört der Hund jemandem?"

Der Tankwart antwortet in gebrochenem Englisch „Nein, kein Zuhause. Freier Hund. Der Chef mag ihn nicht. Aber immer, wenn der Chef nach Hause geht, kommt der Hund. Gebe Essen zu ihm. Ich nenne ihn Bobby!"

Ich bin immer skeptisch, ob ein angeblicher Straßenhund dann wirklich zu niemandem gehört, aber ich fragte den Tankwart, ob wir ihm ein Halsband anziehen dürften. Er fand das alles großartig und wir zogen Bobby das Halsband mit dem GPS-/Aktivitätstracker über den Kopf.

Schon am nächsten Morgen wurde mir klar – so viel Straßenhund war Bobby auch wieder nicht. Er lag nämlich schon die ganze Nacht, nachdem der Tankwart nach Hause gefahren war, und den ganzen Morgen bei einer Holzfirma, etwa einen Kilo-

Bobby vor der Tankstelle bei Kozani …

… und mit seinem Tracking-Halsband

01

01 – 02
Der Tankwart mit seinem Lieblings-straßenhund Bobby

meter entfernt von der Tankstelle. Wir fuhren hin. Auf dem Gelände stand ein offener Container, der als Büro eingerichtet war. Dort saßen zwei Männer und Bobby. Sie erklärten mir, dass dieser Hund hier dazugehörte. Er war ein Straßenhund, aber sie kümmerten sich. Ich erklärte den Männern, warum der Hund ein Halsband trug und sie willigten ein, dass wir ihn tracken durften.
Am Nachmittag, nachdem die Mitarbeiter des Holzunternehmens Feierabend gemacht hatten, pilgerte Bobby zu einer Tankstelle auf der gegenüberliegenden Straßenseite. Hier waren noch mehr Straßenhunde, mit denen er spielte und durch das hohe Gras am angrenzenden Feld tobte. Die Mitarbeiter hier mochten ihn ebenso.

02

Sarah mit Bobby

Etwa vier Stunden später ging er zu der Tankstelle mit dem Tankwart, den wir am Vorabend kennengelernt hatten. Normalerweise war Bobby pünktlich da, sobald der Chef ging, aber diesen Abend war er um eine Stunde zu spät: Es war Zeitumstellung in der Nacht. Bobby wartete etwa eine Stunde, bevor er den Tankwart besuchte, ca. 500 Meter entfernt von der Tankstelle im Feld.

Von da an saßen wir fast jeden Abend mit dem Tankwart zusammen. Am Abend war nicht viel los und er freute sich über Gesellschaft, sowohl über Bobbys Gesellschaft als auch über unsere. Er fand es genauso spannend wie wir, uns anzusehen, was Bobby, der eigentlich drei Namen und etliche Bezugspersonen hatte, den ganzen Tag machte, und uns freute es, mit Einheimischen über die Straßenhunde in Griechenland zu sprechen. Im Gegensatz zu Korinth war dieser Ort hier weitab vom Tourismus. Wenige Touristen verirren sich hierher.

Wir verfolgten Bobby weiterhin und er machte jeden Tag so ziemlich das Gleiche. Tagsüber lag er bei der Holzfirma herum, nachdem diese geschlossen hatte, ging er zur Tankstelle auf der anderen Straßenseite und am Abend, nachdem der Chef der anderen Tankstelle nach Hause gegangen war, besucht er den Tankwart, den wir am ersten Tag getroffen hatten.

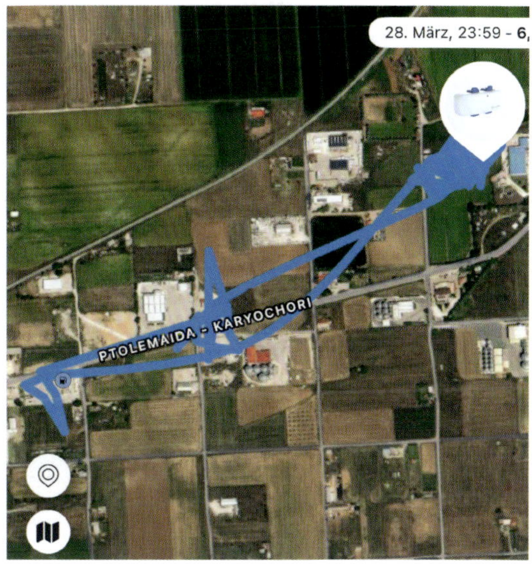

BOBBYS TRACKING-ERGEBNISSE

Bobby war zwischen 115 bis 120 Minuten am Tag hochaktiv (also etwa 2 Stunden/Tag). Gerannt/gesprintet war Bobby nur 0 bis 5 Minuten/Tag, dafür aber 90 bis 105 Minuten/Tag gelaufen/von A nach B gegangen. Das musste er ja auch, um all seine Bezugspersonen zu treffen. Gespielt hatte Bobby immer wieder mal, aber auch nicht übermäßig viel, sondern nur 10 bis 20 Minuten/Tag.

Mit ruhiger Aktivität (Beobachten, Schnüffeln etc.) verbrachte Bobby 9 bis 10 Stunden/Tag und 12 bis 13 Stunden damit, zu schlafen. Bobbys Tage waren immer sehr ähnlich. Er hatte jeden Tag nahezu die gleiche Routine.

Da war das Leben der Stadthunde, etwa fünf Autominuten entfernt, deutlich spannender!

01

DIE HUNDE IN DER STADT

Zara in der Nähe von Kozani …

… und beim Anlegen des Tracking-Halsbands

In der Stadt fanden wir nicht nur ein oder zwei Hunde, sondern eine riesige Gruppe, die direkt unser Auto jagte. Es gab dort aber noch weit mehr Hunde als diese große Gruppe. Um ein möglichst großes Bild vom Verhalten der Hunde zu bekommen, entschieden wir uns in unterschiedlichen Gegenden der Stadt bewusst für ganz verschiedene Charaktere.

Das eine war eine etwas unsichere und nervöse schwarz-weiß gefleckte Hündin, die immer gemeinsam mit einem sehr ähnlich aussehenden Rüden unterwegs war. Optisch und vom Alter her könnte es ihr Bruder gewesen sein. Diese Hündin nannten wir „Zara". Dann gab es eine schwarze, sehr zugängliche und etwas übergewichtige Hündin, der wir den Namen „Gerlinde" gaben, und einen großen, sehr alten Herdenschutzhund, der schon um die zehn Jahre alt sein musste – „Dumbledore" fanden wir für ihn passend. Und schließlich waren da noch ein anderer großer, aber noch recht junger Rüde, den wir „Obelix" nannten, und eine schwarze, mittelgroße Hündin, die sehr

02

03

04

05

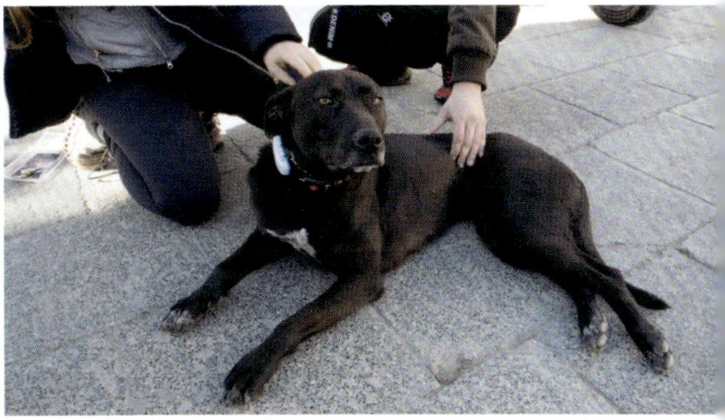

06

sportlich aussah – „Sporty“ fiel uns als Name spontan für sie ein.

All diese Hunde lebten in derselben Stadt an unterschiedlichen Orten. Manche begegneten sich immer wieder, andere kannten sich gar nicht.

Hier stellen wir die einzelnen Hunde vor und zoomen gemeinsam in ihr Leben hinein.

01 Dumbledore vor einem Supermarkt, …

02 … im Spiel mit einem anderen Hund auf einer Verkehrsinsel …

03 … und im Spiel mit einem schwarzen Hund

04 Obelix vor dem Cafe, bei dem er sich oft aufhält

05 Sporty tagsüber in der Innenstadt …

06 … und beim Anlegen des Tracking-Halsbands

Dumbledore, Zara und Shadow – ruhend am Gehweg, aber doch immer aufmerksam

Zara und Shadow – leidenschaftliche „Autojäger“

Plötzlich beginnt die Jagd.

Die meisten Autofahrer sind das Spektakel gewohnt und fahren unbekümmert vorbei.

ZARA UND SHADOW

Zara war der erste Hund in der Stadt, den wir mit einem GPS-Halsband ausgestattet haben. Sie war auch die erste, die unser Auto jagte. Wie sich noch herausstellen sollte, war sie eine leidenschaftliche Autojägerin. Zara war immer mit ihrem Bruder – wie ich annahm – unterwegs. Ich nannte ihn „Shadow“, weil er wie ein Schatten immer dort war, wo sich Zara aufhielt. Die zwei sahen sich optisch so ähnlich, waren ungefähr im selben Alter und machten alles zusammen. Wann immer ich Zara aufsuchte, war Shadow nicht weit.

Wobei der Name Shadow eigentlich nicht ganz passte. Zara war nämlich in erster Linie diejenige, die ständig schaute, wo Shadow war! Wenn beide in der Sonne in der Stadt lagen und schliefen, schlief Shadow in der Regel tief und fest. Aber Zara hob alle paar Minuten den Kopf und versicherte sich, dass Shadow noch bei ihr war.

In einer Nacht waren Stefan und ich losgezogen, um unsere Tracking-Hunde zu beobachten. Wir gingen in Richtung von Zara bzw. dorthin, wo wir ihr GPS-Signal geortet hatten. Schon von Weitem hörte ich einen Hund hysterisch, fast schon panisch bellen. Als wir etwas näherkamen, sahen wir, dass es tatsächlich Zara war. Sie stand auf der Straße, auf der um 2:00 Uhr nachts nichts mehr los war und bellte sich die Seele aus dem Leib. Sie hatte uns noch nicht bemerkt und wir beobachteten das Spektakel aus der Ferne. Sie bellte sicher noch fünf bis zehn Minuten hysterisch weiter, ohne sichtbaren Anlass, so lange bis Shadow um die Ecke kam. Sofort hörte sie auf, freute sich sichtlich, ihn zu sehen, und die beiden spazierten gemeinsam weiter.

Sie waren nicht auf Futtersuche. Sie gingen zur Hauptstraße und „vertrieben“ gemeinsam Autos. Auch Shadow „verscheuchte“ gern Autos.

Zara rennt nah an das Fahrzeug heran und hetzt es.

Dabei hatten sie nicht wirklich die Absicht, in die Reifen zu beißen. Es sah zwar auf den ersten Blick so aus, als wollten sie es tun, aber auch wenn die Autos langsam fuhren, bissen beide nie zu. Zunächst einmal wirkte das sehr gefährlich. Wenn man sie jedoch länger dabei beobachtete, sah man, dass sie sehr gut darauf achteten, nicht unter die Räder zu kommen.

Zara und Shadow waren beide etwa fünf bis acht Jahre alt. Und wären sie nicht vorsichtig gewesen, dann wären sie wohl nie so alt geworden. Das bedeutet natürlich nicht, dass jeder Hund das Autohetzen heil übersteht, auch wenn wir an diesem Ort – besonders in Griechenland – selten verletzte Hunde gesehen haben.

Ich hoffe wirklich, dass Shadow und Zara nie getrennt werden. Nicht durch einen Unfall, Krankheit oder Menschen, die sie adoptieren wollen.

Ich bin bei Weitem nicht grundsätzlich gegen Adoption. Im Gegenteil. Wenn ich nicht ganz gezielt die Rasseeigenschaften einer bestimmten Rasse möchte oder brauche, sondern einfach einen normalen Begleithund suche, dann würde ich persönlich immer einen Hund aus dem Tierheim wählen. Die meisten Tierheimhunde sind keine Welpen, sondern erwachsene Hunde, was den Vorteil hat, dass man den Charakter viel besser einschätzen kann, als bei einem Welpen.

Bevor die nächste „Autohatz" beginnt: Warten und Beobachten

Nicht jedes Auto wird verfolgt, sondern meistens die besonders lauten und auffälligen.

Die Hunde achten darauf nicht unter die Räder zu kommen.

Zwischendurch gibt es immer wieder Ruhepausen.

01

02

03

04

Ich bin also zu 100 Prozent für das Adoptieren von Hunden. Auch von Hunden aus dem Ausland – besonders wenn man sich anschaut, was für absurde Auflagen von vielen (nicht allen!) deutschsprachigen Tierheimen an die Adoptanten gestellt werden. Trotzdem finde ich es sehr wichtig, genau zu schauen, aus welchem Tierheim man adoptiert. Was man da wirklich fördert. Wirklichen Tierschutz, gutgemeinte aber nicht immer für die Hunde gute Tierliebe oder ein knallhartes, fragliches Business-Konzept.

Für Zara wäre ein Leben in Gefangenschaft nichts gewesen. Sie war so ein eigenständiger, willensstarker, aber auch sehr an Shadow gebundener Hund. Für sie wäre es schrecklich, von Shadow getrennt zu werden und nicht mehr mit ihm auf Autohetzjagd gehen zu können.

WARUM HETZTEN ZARA UND SHADOW AUTOS?

Aus meiner Sicht war es eine Mischung aus territorialem Verhalten, Jagdverhalten und Langeweile bzw. Spaß.

Viele Menschen meinen, die Hunde hätten gelernt, dass Menschen in Autos Futter bringen. Das ist bei Hunden, die Autos vertreiben und versuchen zu attackieren, nicht der Fall. Abgesehen davon, dass es im Ort viele Futterstellen gibt, würde ein Hund in freudiger Erwartung auf Futter ein Auto nicht vertreiben oder aggressiv anbellen. Wir kennen Tierschützer, die sich um Hundegruppen in anderen Ländern kümmern und mit dem Auto zum Füttern fahren. Hier erleben wir eine kom-

05

06

01 – 04
Straßenhunde beim Jagen von Autos

05
Zara und Shadow beginnen bei Dämmerungseinbruch mit ihrer Jagd auf die Autos.

06
Zara schläft zur Mittagszeit auf einer Verkehrsinsel in der Stadt.

07
Zara wartet beim Kreisverkehr auf ihr „Jagdobjekt".

07

plett andere Körperhaltung der Hunde: Sie bellen zwar auch teilweise, allerdings ist es kein warnendes Bellen. Die Hunde bellen freudig, wackeln mit dem ganzen Körper. Reines Wedeln mit der Rute bedeutet nicht unbedingt Freude, sondern in erster Linie Erregung. Wenn jedoch der ganze Hund nach links und rechts wackelt und schlängelt, dann bedeutet das in aller Regel positive Erregung. Diese Hunde bellen auch nicht die Autoreifen an, sondern kommen freudig zur Autotür.

Das Verhalten, das Zara und Shadow zeigten, hat also wenig mit einer freudigen Erwartungshaltung oder Hunger zu tun.

In einer Pizzeria erzählten uns Einheimische, sie glaubten, die Hunde würden nur bestimmte Trucks jagen, die so ähnlich wie die Trucks der Tierheimmitarbeiter klingen. Diese fangen regelmäßig Hunde, impfen und chippen sie oder bringen manche Hunde, die die Anwohner stören, ins Tierheim oder in eine andere Ortschaft. Daraufhin achtete ich noch einmal verstärkt auf den Autotyp, den die Hunde hetzten und konnte diese Aussage ebenfalls nicht bestätigen.

Sowohl Zara als auch die anderen Hunde der Stadt attackierten phasenweise jedes Auto, das vorbeikam, also zehn von zehn Autos. Anschließend legten sie sich hin, alle dösten und waren kurzfristig erschöpft – und zwar so lange, bis irgendwann wieder einer anfing und sich an den Straßenrand stellte und wartete, bis das nächste Auto vorbeikam. Und dann wurden wieder die nächsten fünf bis zehn vorbeifahrenden Autos attackiert.

Zara beobachtet auf einem Gehweg vorbeifahrende Autos.

Darum interpretierte ich es auch nicht als ein rein territoriales Verhalten. Ein Hund, der territorial ernsthaft aggressiv ist, reagiert *immer* auf den Auslöser. Hier schliefen die Hunde aber teilweise stundenlang oder lagen herum und beobachteten. Und dann gab es Phasen, wo sie minutenlang alles verbellten, hetzten und vertrieben. Darum sah ich es als Mischung aus territorialem Verhalten, Jagdverhalten und Langeweile bzw. Spaß.

ZARAS TRACKING-ERGEBNISSE

Zara war zwischen 145 bis 205 Minuten/Tag hochaktiv (2,5 bis 3,5 Stunden/Tag). Gespielt hatte sie 5 bis 10 Minuten/Tag. Einmal erwischten wir sie in einem wilden Spiel mit Shadow und Dumbledore, dem großen, alten Herdenschutzhund, mitten auf einer kleinen Grünfläche in der Stadt.

Die meisten aktiven Minuten registrierten wir beim Laufen von A nach B. Tatsächlich zeichneten wir trotz der vielen Auto-Hetz-Aktionen von Zara und Shadow an jedem Tag 0 Minuten Rennen/Sprinten auf. Ich vermute, es liegt daran, dass die Sprints zwar recht oft, aber jedes Mal nur sehr kurz waren.

Darum ist es so wichtig, immer die Daten mit den Beobachtungen als ein Puzzle zu sehen und dann zusammenzufügen.

Ruhige Aktivität trackten wir rund 9 bis 12 Stunden/Tag. Geschlafen hatte Zara ebenfalls rund 9 bis 12 Stunden/Tag.

Zaras „Revier" war die Hauptstraße der Stadt, einige Seitengassen links und rechts von der Hauptstraße eingeschlossen. Der Teil der Hauptstraße, den Zara bewohnte, war ziemlich genau einen Kilometer lang. Sie war jeden Tag relativ konstant 8 bis 9 Kilometer „spazieren": die Straße entlang und durch ein paar Seitengassen links und rechts. Es gab einen Punkt, an dem sie nie weiterging, so als ob dort ein unsichtbarer Zaun wäre, an dem sie immer umdrehte.

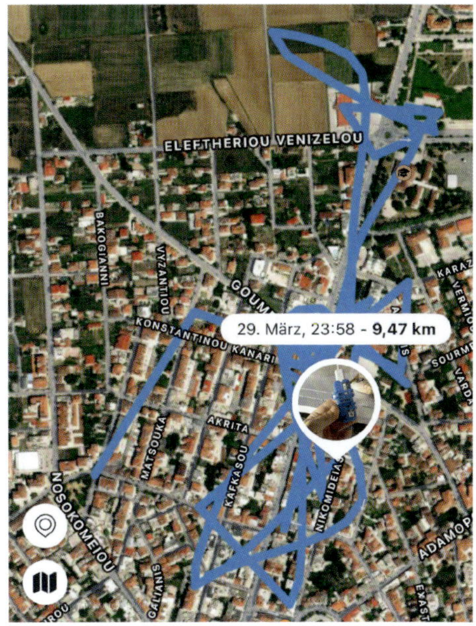

Zaras Route

Was war der Grund?
Ich wusste es nicht! Es gab durchaus andere Hunde hinter dem „unsichtbaren Zaun". Ob sie Zara verscheuchen würden, wenn sie die Hauptstraße weiter entlanggehen würde? Auch das wusste ich nicht. Ich hatte Zara nie in einem Konflikt mit anderen Hunden beobachtet. Es gab aber durchaus einige Hunde, die in Zaras „Zone" lebten und diese regelmäßig verließen.

Einer davon war Dumbledore.

DUMBLEDORE

Dumbledore war riesig. Ich bin immer schlecht im Schätzen, aber über 60 Kilogramm brachte er bestimmt auf die Waage! Er war nicht mehr der Jüngste. Ich hatte mir seine Zähne angeschaut und auch mit einigen Einwohnern gesprochen und schätzte sein Alter auf über zehn Jahre.

Kennengelernt hatten wir ihn, während er mit Zara und ihrem Bruder auf einer Wiesenfläche entlang der Hauptstraße gespielt hatte. Das Spiel ging relativ lange und würde er nicht so alt aussehen, mit seinen herunterhängenden Augenlidern und den ausgebleichten ehemals schwarzen Flecken, dann würde man meinen, da spielte ein junger Hund – so ausgelassen und wild wie er über die Wiese flitzte.

Nach einer gefühlten Ewigkeit, die die drei Hunde auf der Wiese neben der Straße gespielt hatten, bewegten sich sie zusammen näher zur Hauptstraße und jagten noch den halben Nachmittag Autos. Aber nicht durchgehend: immer wieder wurden ein paar Minuten lang alle Autos vertrieben, dann wurde wieder ein paar Minuten lang geruht.

Hier wurde mir nochmals bestätigt, dass es sich nicht um ein rein territoriales Verhalten handelte. Man könnte ja nun argumentieren, dass die Hunde einfach nicht die Kraft hätten, den ganzen Tag Autos zu vertreiben und dass so die Pausen zustande kamen. Allerdings hatten die drei Autojäger davor ausgelassen bestimmt eine halbe Stunde neben der gleichen Straße wild gespielt. Sie hatten also mehr als genug Energie, hatten aber erst später Lust, sich wieder mit den Autos zu beschäftigen.

Dumbledore war für mich faszinierend! Ich habe so viele Kunden mit großen Rassen, die nur das beste Futter füttern, aber Hunde in der Größenkategorie werden bei uns im Westen einfach nicht alt. Dumbledore fraß, was er fand. Mal ein Brötchen, mal ein Eis, das einem Kind aus der Hand gefallen war, mal Knochen aus dem Müll etc., und er war so unfassbar fit! Genauso wie oftmals die Hunde der Hirten, die auch nur das bekamen, was eben verfügbar war.

Ich bin kein Tierärztin und möchte auch gar keine Futterempfehlungen abgeben. Trotzdem finde ich es spannend zu beobachten, wie alt die Hunde in diesen Ländern bei diesem Lebensstil tatsächlich oft werden.

Interessant war auch, dass Dumbledore nicht jeden Tag spielte! Am ersten Tag hatte er sehr lange gespielt, noch bevor wir ihm ein GPS-Halsband angelegt hatten. Danach hatten wir ihn tagelang gar nicht beim Spielen erwischt, obwohl wir ihn viel beobachteten. Und dann hatte er wieder einmal fünf Minuten gespielt.

Dumbledore mit Sarah

Die meisten Hunde, die einmal viel spielen, spielen immer viel und umgekehrt. Für Dumbledore musste es offenbar der perfekte Zeitpunkt sein, dass er sich einem Spiel hingab, dann dafür aber für seine Größe und sein Alter sehr ausgiebig!

DUMBLEDORES TRACKING-ERGEBNISSE

Dumbledore war 25 bis 60 Minuten/Tag mit dem Gehen von A nach B beschäftigt. Nur an einem Tag haben wir 5 Minuten Spiel aufgezeichnet. An allen anderen Tagen nicht und an diesen hatten wir auch nichts Spielähnliches beobachtet, außer am ersten Tag, bevor wir ihm das Halsband angelegt hatten.

7,5 bis 10 Stunden war er mit ruhiger Aktivität (Beobachten und Schnüffeln) beschäftigt. 13,5 bis 16 Stunden hat er geschlafen.

Man merkte natürlich, dass er ein introvertierter, großer und auch schon in die Jahre gekommener Herdenschutzhund-Mix war. Trotzdem werden andere Hunde gar nicht so alt und vor allem nicht in diesem fitten Zustand!

Und obwohl er nicht so viel spazieren ging wie Zara und ihr Bruder, ging er doch jeden Tag ziemlich genau 6 Kilometer. Man merkte, dass er ein Senior war, der im Großen und Ganzen seine Routinen hatte.

Dumbledores „Revier" war allerdings keine gerade Linie die Hauptstraße entlang mit ein paar Erkundungen in den Seitenstraßen wie bei Zara, sondern er hatte seinen Stammplatz unter den Büschen einer Verkehrsinsel mitten in der Innenstadt. Von dort aus spazierte er durch die Straßen in einem Umkreis von 300 bis 600 Metern.

Wenn man die Aufzeichnungen des GPS-Trackers als Bilder sehen würde, dann hatte Zara einen Baum der Hauptstraße entlang gezeichnet mit ein paar Ästen nach links und rechts. Und Dumbledore eine Blume oder einen Kraken wie von einem zweijährigen Kind gemalt, dessen Linien immer wieder zu ein und demselben Ausgangspunkt zurückführten.

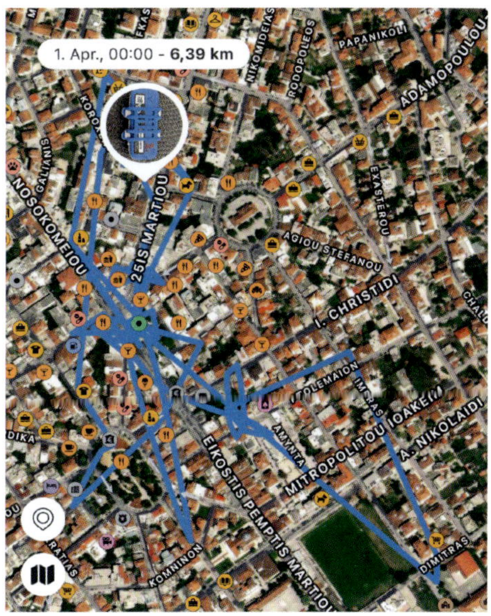

Ein Tag aus dem Leben von Dumbledore

Gerlinde mit Tracking-Halsband

GERLINDE – EIN DURCH UND DURCH FAULER STRASSENHUND

Am zweiten oder dritten Abend, an dem wir in der Stadt Zara beobachtet hatten, lernten wir „Gerlinde" kennen.

Gerlinde war eine etwas übergewichtige, rund drei Jahre alte, schwarze Hundedame. Sie war wie fast alle Hunde in diesem Ort kastriert. Gerlinde spielte und rannte durchaus gelegentlich. Aber zu 90 Prozent habe ich sie beobachtet, während sie irgendwo herumlag. Sie war zum Beobachten definitiv einer der langweiligsten Hunde, weil einfach stundenlang nichts passierte. Gar nichts! Selbst wenn andere

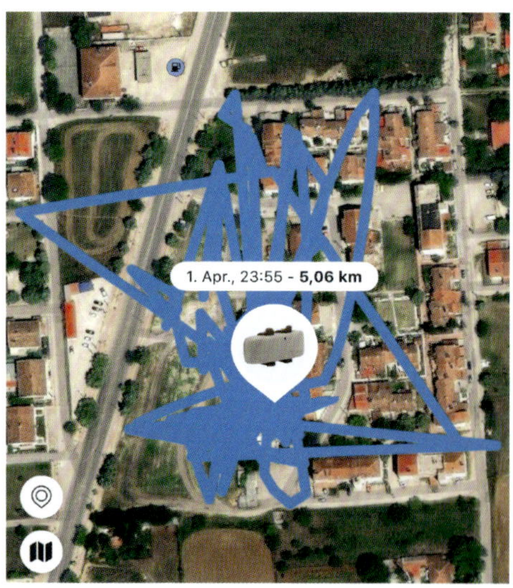

Ein fauler Tag

Hunde neben Gerlinde Autos jagten, machte sie nur selten mit. Aber sie hatte eine unfassbar witzige Angewohnheit. Sie lag gern mit allen vier Beinen in die Luft gestreckt auf dem Rücken, was jedes Mal total lustig aussah. Bei den meisten Hunden waren die Routen und Tagesabläufe relativ ähnlich. Gerlinde lebte aber eher nach dem Motto „Ganz oder gar nicht!“.

GERLINDES TRACKING-ERGEBNISSE

Ihr Stammplatz war eine kleine Häuserblock-Siedlung im Norden etwas außerhalb der Stadt. An manchen Tagen verließ sie die Anlage gar nicht und war nur 60 Minuten hochaktiv und zwar davon 55 Minuten damit von A nach B zu gehen. 5 Minuten konnten wir Spielen aufzeichnen und eine vielleicht 3 bis 4 Kilometer weite Gehstrecke. (Man muss durch die Gebäude, die das Signal stören, und durch die Tatsache, dass sie viel auf einem Fleck lag, ein paar Kilometer von den Tracker-Daten wegrechnen.)

Und dann gab es Tage, da ging sie mitten ins heftigste Getümmel in der Innenstadt, war 90 Minunten hochaktiv, 65 Minuten davon damit beschäftigt, von A nach B zu gehen/zu laufen, 10 Minuten mit Rennen/Sprinten und 15 Minuten mit Spielen.

Gerlinde war kein sonderlich aktiver, sondern immer ein recht fauler Hund verglichen mit anderen Straßenhunden, aber trotzdem war es für uns interessant zu sehen, dass sie an manchen Tagen nur in „ihrer“ Siedlung herum lag, und dann einen 9 Kilometer langen Spaziergang machte, also über das Doppelte an Kilometern zurücklegte!
Alles in allem war sie aber auch in der Stadt viel herumgelegen, immer mitten im Weg, sodass alle Menschen ausweichen mussten. Gerlinde war kein ängstlicher, sondern ein sehr menschenbezogener Hund. Sie mochte es, in der Fußgängerzone zu liegen.

9 bis 11 Stunden war sie mit ruhiger Aktivität beschäftigt (z. B. Menschen in der Fußgängerzone beobachten) und 12 bis 14 Stunden mit Schlafen.

Sporty schläft in der Innenstadt…

SPORTY

Das komplette Gegenteil von Gerlinde war Sporty, eine ebenfalls schwarze Hündin, die ein bisschen wie die schlanke Version von Gerlinde aussah.

Und das nicht ohne Grund! Sporty war eine ebenfalls zarte, wie fast alle Hunde hier kastrierte und rund drei Jahre alte Hündin, die ihren Stammplatz in der Innenstadt vor einem Café hatte. Sporty war in der Stadt dafür bekannt, dass sie im Gegensatz zu vielen anderen Hunden keine Autos jagte, nicht versuchte in die Reifen zu beißen o. Ä., aber sie lief gern mit Motorradfahrern mit.

Das bedeutet, wenn ein Motorrad an Sportys Stammkaffeehaus vorbeifuhr, rannte sie neben dem Motorrad her, ohne es zu attackieren. Sie sprang dabei immer wieder von Verkehrsinsel zu Verkehrsinsel und lief einfach nebenher. Sie machte das nicht bei jedem Motorrad, aber ein bis zwei längere „Motorradtouren" pro Tag gönnte sie sich, bevor sie sich wieder auf die Matte vor dem Café oder unter die schattigen Sträucher gegenüber des Cafés legte.

In der Stadt konnte man nicht sonderlich schnell fahren, darum konnte Sporty ohne Probleme gut mit den Motorrädern mithalten. Alles, was Gehen, Joggen oder ruhiges bis zügiges Galoppieren ist, erfasst der Aktivitätstracker als „Laufen". Sportys Motorradausflüge wurden fast immer als „Laufen" gewertet. Nur wenn ein Hund richtig sprintet, wird es als „Rennen" aufgeführt.

Darum war es auch hier wieder so wichtig, die Beobachtungen mit den Aufzeichnungen zu kombinieren, weil das Laufen von Dumbledore nicht mit dem Laufen von Sporty vergleichbar war!

Sporty mochte wie Gerlinde Menschen. Einmal bin ich Sporty den ganzen Abend und die halbe Nacht unauffällig gefolgt. Und das war nicht gerade einfach! Mitten durch die Innenstadt, mitten durch den Außenbereich eines Lokals, wo so viele Menschen feierten, dass es gar nicht möglich war, ihr zu folgen, ohne durchgehend an mindestens drei Menschen zugleich anzukommen. Ich bin nicht klaustropho-

... und im Grünstreifen.

bisch veranlagt, aber auch kein Partymensch und mir waren das eindeutig zu viele Menschen! Sporty hingegen ganz offensichtlich nicht. Sie hätte problemlos ausweichen können, ging jedoch tiefenentspannt mitten durch die Menschenmasse. Sie bettelte auch nicht nach Futter oder suchte intensiv danach. Es gab Futterspender in der Stadt und viele Menschen, die den Hunden häufig etwas Fressbares direkt vor die Nase legten. Das war also auch nicht ihre Motivation. Sie wollte einfach zu einem bestimmten Platz, an dem sie dann eine Weile döste. Und der Weg dorthin führte direkt durch die Menschenmenge.

Auf ihren nächtlichen Spaziergängen traf sie gelegentlich andere Straßenhunde. Die Begegnungen waren immer sehr unspektakulär. Manche begrüßte sie kurz unaufgeregt, andere ignorierte sie komplett. Mit manchen spazierte sie ein Stück weit gemeinsam, bevor sich ihre Wege wieder trennten.

SPORTYS TRACKING-ERGEBNISSE

Sporty war 100 bis 265 Minuten/Tag hochaktiv (also rund 1,5 bis 4,5 Stunden/Tag). Davon 75 bis 235 Minuten Laufen und Von-A-nach-B-Gehen, 0 bis 5 Minuten/Tag Rennen/Sprinten, 25 bis 65 Minuten/Tag Spielen.
Mit ruhigen Aktivitäten/Schlendern verbrachte Sporty 9 bis 11 Stunden, ebenso wie Gerlinde, und geschlafen hatte sie 10 bis knapp 14 Stunden/Tag.

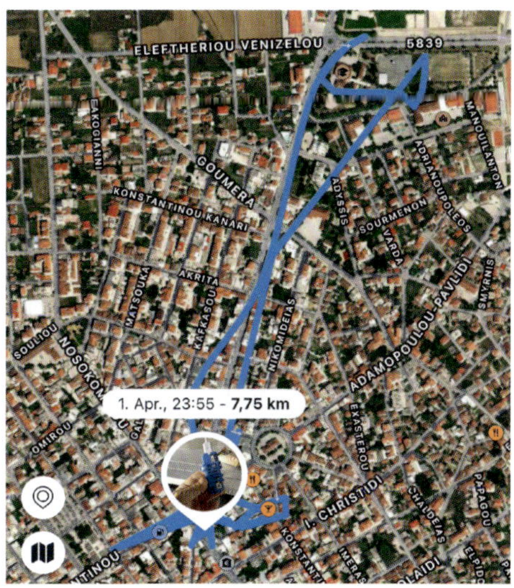

Sportys zurückgelegte Route

Obwohl Sporty deutlich aktiver war als Gerlinde, hatten beide einen sehr ähnlichen Durchschnitt, was das Schlafen und die ruhige Aktivität anbelangt. Wie kann das sein?
An den Tagen, an denen Gerlinde *nur* 9 Stunden mit ihrer Aktivität verbracht hatte, hatte sie dafür dann 14 Stunden geschlafen. An dem Tag, an dem Sporty nur etwas über 9 Stunden mit ruhiger Aktivität beschäftigt war, hatte sie nur etwas mehr als 10 Stunden geschlafen und war 4,5 Stunden hochaktiv.

Diese Zahlen sind für mich wahnsinnig spannend zu sehen, allerdings immer nur mit dem Hintergrundwissen der Beobachtung, die wir über den jeweiligen Hund haben. Ein Hund kann den ganzen Tag nur liegen, ein fauler, perfekter Stadthund für eine kleine Wohnung sein oder ein Herdenschutzhund, der ebenfalls viel liegt und beobachtet, aber sehr viel Platz für sich braucht.

Bei Sporty und Gerlinde war es nicht viel anders. Manche Werte sind sehr ähnlich, aber Sporty wäre vermutlich kein sonderlich geeigneter Hund für inaktive Menschen. Gerlinde hingegen absolut! Ich hätte sie mir gut als Wohnungshund vorstellen können.

OBELIX – HALB STRASSENHUND, HALB HAUSHUND

Obelix war etwa vier Jahre alt und hatte gut 45 Kilogramm! Er war unkastriert und gemeinsam mit seiner Mutter und seinen Geschwistern von einem etwa dreizehnjährigen Jungen gefunden worden. Der Junge hatte Angst, dass die Welpen überfahren werden könnten, und hatte die Mutter mitsamt den Welpen zusammen mit seinen Eltern ins Tierheim gebracht – alle bis auf Obelix, den hatte er behalten.

Und Obelix zu tracken war tatsächlich nicht beabsichtigt. Aber es gab so viele Straßenhunde hier, dass es schwer war, den Überblick zu behalten. Das erste Mal hatten wir Obelix kennengelernt, als er vor einem kleinen Kaffeehaus saß, in dem der Junge aushalf. Soweit ich das trotz Sprachbarriere verstehen konnte, gehörte das Café seinen Eltern. Er erzählte mir, dass Obelix sein Hund wäre und wie er zu ihm gekommen war. Obelix durfte frei herumlaufen und folgte seinem jungen Besitzer täglich den halben Kilometer von seinem Haus zum Café oder zur Schule.

Einige Tage später sah ich Obelix an einem ganz anderen Ort. Ich erkannte ihn nicht und fragte die Einheimischen, ob es ein Straßenhund wäre, was alle bejahten. Also wollte ich ihm ein Halsband mit Tracker anziehen. Gerade als ich mit dem Anlegen beschäftigt war, kam der Chef der Pizzeria von der gegenüberliegenden Straßenseite. Er brachte den Hunden immer Reste vom Restaurant, und wir kannten ihn, weil wir am Abend zuvor in seiner Pizzeria gegessen hatten. Auch ihn fragten wir noch einmal, ob es tatsächlich ein Straßenhund wäre, und er bejahte. Und nicht nur das … Er erzählte uns, dass er seit Kurzem einen eigenen Hund zu Hause hätte. Ich saß also auf dem Boden und war damit beschäftigt, dem Hund das Halsband anzuziehen und der Pizzabäcker hielt mir währenddesssen sein Handy mit lauter Fotos von seinem Hund vor die Nase. Immer wieder suchte er neue und noch süßere Bilder raus und zeigte sie mir. Er war mehr als über beide Ohren verliebt in seinen Hund. Nach gefühlt 50 Bildern fragte ihn Stefan, ob er die Bilder auch sehen dürfte. Und so konnte ich dem Hund das Halsband endlich fertig anlegen, den Tracker kontrollieren und das Halsband abschließen. Wir hatten mittlerweile ein eigenes System, um den Diebstahl von Halsbändern zu verhindern, entwickelt. Nachdem der Hund fertig „ausgestattet" war, schlug ich vor, dass wir in der Pizzeria ein Eis essen könnten. Das selbstgemachte Eis dort war großartig!

Der Pizzabäcker legte Obelix und den anderen Straßenhunden noch die Reste hin und wir gingen in die Pizzaria. Man muss dazu sagen, dass die Hunde hier und allgemein in vielen Orten Griechenlands wirklich verwöhnt sind. Viele Straßenhunde fressen nur den Schinken oder den Käse von den Pizzaresten und lassen die anderen Stücke liegen. Trotzdem ist es natürlich schön und wichtig, dass die Bevölkerung die Hunde in vielen Orten füttert – auch wenn es dem einen oder anderen Straßenhund nicht schaden könnte, ein paar Kilogramm abzunehmen!

Obelix und Sarah

Erst einige Tage zuvor waren wir in einer Konditorei einkaufen. Vor der Konditorei lagen zwei Hunde. Sie hatten Halsbänder, waren aber Straßenhunde. Die Besitzerin des Ladens hatte den Hunden Halsbänder angezogen und kümmerte sich um sie. Allgemein markieren viele Vereine in Griechenland kastrierte Hunde mit Halsbändern statt wie in anderen Ländern mit Ohrmarken. Und im Gegensatz zu Ländern wie der Türkei und Rumänien ist ein sehr großer Teil der griechischen Hunde geimpft, kastriert, gechipt und hat sogar einen Namen!

Viele der Kunden kümmerten sich offenbar auch um die zwei Hunde vor der Konditorei! Es waren großwüchsige Mixe, die als Optimalgewicht, wenn man die Größe bedenkt, vielleicht 40 Kilogramm haben sollten. Ich hatte sie natürlich nicht gewogen, aber ich glaube, wenn ich sagen würde, dass der eine Hund wahrscheinlich rund 60 Kilogramm hatte und der andere sicher weit über 70 Kilogramm, dann bin ich noch sehr gnädig mit meiner Schätzung gewesen. Auch das gibt es, und zu dicke Straßenhunde kommen häufiger vor als man denkt. Tatsächlich hatten wir in jedem Land immer mehr zu dicke als stark untergewichtige Straßenhunde gesehen. Und in Griechenland waren uns besonders viele dicke Hunde aufgefallen.

Wir gingen also in die Pizzeria rein und bekamen direkt jeder eine Tüte mit zwei Kugeln hausgemachtem Eis geschenkt – sie wollten uns partout nicht zahlen lassen! Sowohl der Chef als auch zwei seiner Kellner waren absolute Hundeliebhaber und so standen wir noch gut über eine Stunde in der Pizzeria und plauderten über ihre eigenen Haushunde, wie man welches Verhalten trainieren könnte, über diverse Straßenhunde und über die Hunde, die wir aktuell trackten!

Alle drei waren nicht unbedingt große Freunde des öffentlichen Gemeindetierheims. Sie sagten, dass durch das Tierheim immer wieder Hunde plötzlich verschwinden und in anderen Dörfern auftauchen würden. Andere Einheimische erklärten uns, das Tierheim würde störende Hunde in andere Orte umsiedeln, um sie nicht ins Tierheim nehmen zu müssen.

Obelix hielt sich im Herzen der Innenstadt auf – genau wie viele andere Hunde – war aber nicht unbedingt besonders oft ausschließlich vor dem Café zu sehen. Darum hatte es auch ein wenig gedauert, bis uns klar wurde, dass Obelix der Hund des Jungen war, mit dem wir einige Tage zuvor gesprochen hatten. Als uns das bewusst wurde, nahmen wir ihm das Halsband natürlich sofort ab und ließen eine Entschuldigung ausrichten. Leider war der Junge gerade für einige Tage in einer anderen Stadt, als uns dieser Fehler passierte. So leicht konnte man Straßenhunde also mit Hunden, die einen Besitzer oder enge Bezugspersonen hatten, verwechseln! Und das, obwohl wir wie immer viele Einheimische gefragt hatten.

Die Daten der zwei getrackten Tage möchte ich trotzdem hier veröffentlichen. Denn sie waren für mich sehr interessant, obwohl Obelix kein Straßenhund war.

OBELIX TRACKING-ERGEBNISSE

Obelix sah aus wie ein tiefenentspannter, in sich ruhenden Bär, dem man gar nicht zutraute, sehr umtriebig zu sein. Trotzdem war Obelix 220 bis 325 Minuten/Tag hochaktiv (rund 3,5 bis 5,5 Stunden).
Hochaktiv bedeutete bei Obelix ausschließlich Von-A-nach-B-Gehen, außer am ersten Tag, an dem wir 5 Minuten Spielen aufgezeichnet hatten. Obelix war kein Hund, der wie Sporty sonderlich schnell von A nach B rannte, sondern ein gemütlicher Kerl.

Trotzdem waren Sporty und Obelix eine ähnliche Anzahl an Kilometern spazieren gewesen und auch die Anzahl der aktiven Minuten war ähnlich. Nur wenn man den Puls der beiden während der Aktivität messen würde, hätte man gemerkt, dass Obelix zwar gern durch die Gegend wanderte, aber das Ganze nicht unbedingt übermäßig sportlich betrieb. Sporty kehrte hingegen immer wieder mit einer weit heraushängenden Zunge von ihren kleinen „Marathons" zurück.

Ruhige Aktivität konnten wir bei Obelix an einem Tag 6,5 und am zweiten Tag 7,5 Stunden aufgezeichnen. Schlafen hatten wir am ersten Tag 13,8 Stunden getrackt und am zweiten Tag 11,1 Stunden.

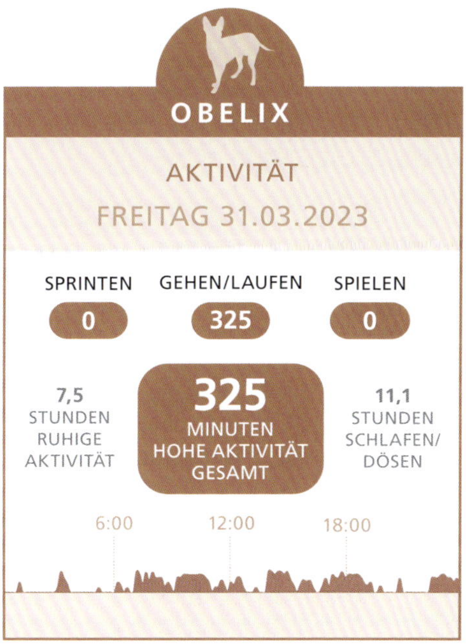

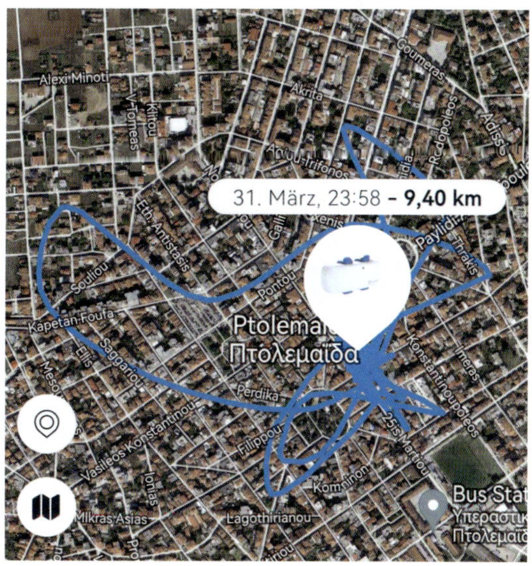

01

02

04

05

☞ VIELE TIERSCHÜTZER, VIELE MEINUNGEN!

Bevor wir richtig losgelegten, hatten wir uns umgeschaut, welche Tierschutzvereine es in der Stadt gab, um mit ihnen zu kooperieren. Wir wollten natürlich nicht, dass lokale Tierschützer Angst um ihre Hunde haben, weil sie nicht wissen, warum Straßenhunde plötzlich Halsbänder tragen. Am zweiten Abend wurden wir ganz zufällig fündig, als wir beobachteten, wie eine Hundegruppe sich freudig auf einen jungen Studenten stürzte: Ares war ein angehender Tierarzt, und wir erklärten ihm unser Projekt. Er war begeistert und stellte uns viele Straßenhunde in der Stadt vor. Unter anderem einige der zuvor genannten Hunde.

Ares war in Griechenland aufgewachsen und gemeinsam mit seinem Verein kastrierte er nicht nur Hunde, sondern versuchte auch so viele wie möglich zu vermitteln. Er war der Ansicht, dass kein Hund auf der Straße leben sollte. Während er uns gute zwei Stunden durch die Stadt führte, um uns viele Hunde zu zeigen, erzählte er uns, dass viele Anwohner nicht wollten, dass Hunde vermittelt würden, weil sie sie seit vielen Jahren kannten und versorgten. Auf meine Frage, wie er darauf reagierte, sagte er, er versuche den Menschen zu erklären, dass es das Beste für den Hund wäre, und den Hund, wenn möglich, trotzdem zu vermitteln.

Ich kann diese Ansicht gut nachvollziehen. Es ist ein sehr schwieriges Thema und es gibt hier kein eindeutiges Richtig oder Falsch. Wir sehen Hunde, die überfahren werden, und das Leben auf der Straße ist gefährlich. Die Hunde werden meistens

03

06

07

nicht so alt auf der Straße, genauso wie auch Wildtiere in Gefangenschaft älter werden.

Das städtische Tierheim hingegen, mit dem wir später auch noch Kontakt hatten, vertrat die Ansicht, dass manche Hunde mit dem Leben auf der Straße besser zurechtkommen und dass man zwar manche Hunde, besonders Welpen, vermitteln sollte, aber bei Weitem nicht alle.

Ich hatte ein kleines Déjà-vu an die kleine Stadt bei Korinth, wo ich genau die gleichen Gespräche mit der Supermarktfrau, Irini und Chryssa geführt hatte.

Auch die Einheimischen sind sich sehr oft nicht einig, was das Beste für die Hunde ist. Und dann gibt es noch die Hunde, die offensichtlich sehr schwer in ein normales Zuhause integrierbar sind, auf der Straße glücklich leben, aber beispielsweise jung durch einen Autounfall sterben und man sich dann fragt: „Wäre es doch besser gewesen, den Hund zu vermitteln? Oder war es doch besser so, und er war auf der Straße die wenigen Jahre dafür frei?"

Die Antwort könnten uns nur die Hunde geben, wenn sie sprechen könnten und auch hier würde kaum jeder Hund dasselbe sagen!

01 – 07
Verschiedene Straßenhunde bei Kozani und Umgebung

WENIGE KONFLIKTE

Was uns hier bei Kozani, wo die Mehrheit der Hunde kastriert war, stark auffiel war, dass es wenige Konflikte unter den Hunden gab.

Auch die Haushunde kamen gut mit den Straßenhunden zurecht, solange sich die Haushunde entspannt verhielten. Wenn ein „Leinenrambo-Haushund" auf einen etwas dominanteren Straßenhund traf, dann waren Probleme natürlich vorprogrammiert. Aber die meisten Begegnungen zwischen Haushunden und Straßenhunden verliefen unproblematisch.

Und auch die Straßenhunde unter sich hatten kaum Konflikte.

Generell haben wir in Regionen mit einer hohen Kastrationsrate deutlich weniger Konflikte zwischen den Hunden erlebt.

Ganz anders in Regionen wie Korinth oder in vielen Regionen in Rumänien. Besonders wenn eine Hündin läufig war, kamen sich die Rüden schnell in die Haare! Das Ganze verlief nicht immer unblutig. Auch wenn es selten schwere Verletzungen waren, besteht natürlich stets die Gefahr, dass Wunden sich entzünden.

Das ist ein weiterer Grund, warum es – neben der unerwünschten Fortpflanzung – so wichtig ist, Straßenhunde zu kastrieren. Manche Gemeinden kastrieren nur die Hündinnen. Ein Vorgehen, das ich absolut nachvollziehen kann. Jede unkastrierte Hündin weniger bedeutet zu 100 Prozent einen Wurf Hundewelpen weniger. Doch egal wie viele Rüden kastriert werden, wenn eine Hündin läufig ist, findet sich immer ein Rüde, aber in aller Regel sind es etliche Rüden, die sie decken.

Aus Kostengründen ist es daher durchaus sinnvoll, nur die Hündinnen zu kastrieren und damit unerwünschten Welpen vorzubeugen. Optimalerweise werden natürlich sowohl Hündinnen als auch Rüden kastriert.

Es gibt dadurch weniger Raufereien, weniger Verletzungen und wer schon einmal den Deckakt von unterschiedlichen Straßenhunden gesehen hat, der weiß, dass es in der Regel eher einer Vergewaltigung gleicht. Oft verstecken sich die Hündinnen unter Autos und schnappen um sich, sobald ein Rüde versucht, sie zu begatten. Besonders in Regionen, wo wenige Hunde kastriert sind, z. B. in Rumänien, sieht

Kurzer Konflikt zwischen einem Straßenhund und einem Haushund. Die meisten beobachteten Begegnungen verliefen aber unproblematisch.

man nicht selten eine Hündin weglaufen und fünf Rüden oder mehr folgen ihr und jeder versucht aufzusteigen. Manche Hündinnen können damit besser umgehen, klarer Grenzen zu kommunizieren, andere reagieren nur panisch.

Natürlich gibt es auch unkastrierte Rüden, die mit läufigen Hündinnen sehr respektvoll umgehen, allgemein zurückhaltend sind und selten bis nie in Konflikte involviert sind. Trotzdem macht es natürlich gerade bei Straßenhunden einfach Sinn, so flächendeckend wie möglich zu kastrieren.

SPANNENDE BEOBACHTUNGEN IN BULGARIEN

1
BANSKO

Lexi, Seite 176

Mr. 100, Seite 182

Yisa, Seite 184

Hier haben wir getrackt und Hunde beobachtet.

„WANDERLUSTIGE" STRASSENHUNDE

Für uns ging es weiter nach Bulgarien, in einen kleinen Ort neben dem Nationalpark Pirin. Dort lebt ein Freund von uns mit seiner Familie und wir durften ihnen netterweise ein Paket mit neuen Trackern zukommen lassen, da uns einige über die Monate hinweg gestohlen worden waren.

Wir hatten gehört, dass es auch in diesem Ort – wie so oft – einen Verein gibt, der sich um die Hunde kümmert. Diesen Verein hatten wir kontaktiert und unser Projekt erklärt. Wie mehrfach beschrieben, versuchen wir ja, wann immer es möglich ist, den Menschen vorab zu erklären, was wir tun wollen, damit sich niemand um die Hunde sorgt, wenn wir ihnen die Halsbänder mit den Trackern anlegen.

Dieses Mal hatten wir Glück und ein Vereinsmitglied war eine nach Bulgarien ausgewanderte Engländerin. Wir konnten uns also perfekt unterhalten. Gleich am nächsten Tag trafen wir uns im Dorf.

Auf der Skipiste in Bansko: Mr. 100 und Yisa riechen neugierig an den Tracking-Halsbändern.

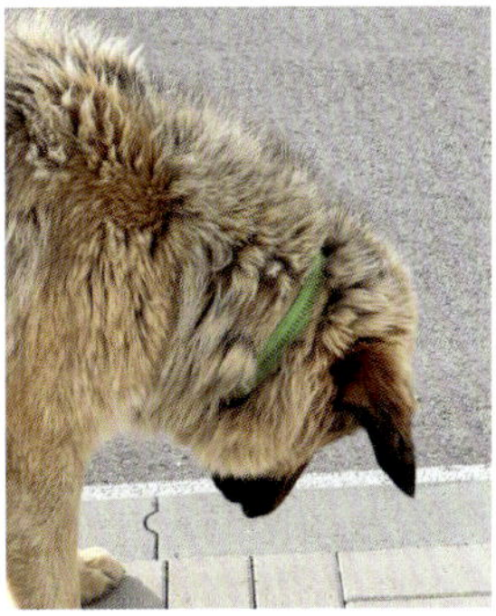

01

02

03

04

05

01 – 05
Straßenhunde in Bansko bzw. südlich von Bansko (05)

Ein Straßenhund (01) trägt ein Halsband vom Verein Bansko Street Dogs.

Wie auch in vielen anderen Orten waren hier alle Hunde gechipt, wurden regelmäßig geimpft und hatten Namen!

Sarah, die Engländerin des Tierschutzvereins, stellte uns etliche Hunde vor. Wir entschieden uns, Lexi, den ersten Hund, den uns Sarah zeigte, zu tracken. Es war eine kastrierte, zwei Jahre alte Hündin.

LEXI

Lexi verbrachte sehr viel Zeit mit einem Rüden. Er war allerdings deutlich weniger sportlich als sie und deshalb waren sie nur dann zusammen, wenn Lexi sich im Dorf ausruhte. Lexi war unfassbar sportlich. Sie war der aktivste Hund, den wir jemals getrackt hatten. Die arbeitenden Border Collies auf einem Biobauernhof (ab Seite 194), alle Arbeitslinien, die wir später in Österreich getrackt hatten, kamen nicht einmal ansatzweise mit Lexi mit! Aber dazu komme ich später noch!

Straßenhündin Lexi mit Tracking-Halsband (helle Hündin rechts)

LEXIS TRACKING-ERGEBNISSE

Das Maximum, was wir bei Lexi getrackt hatten, waren unglaubliche 495 Minuten hohe Aktivität, also über 8 Stunden! Damit war sie aktuell der aktivste Hund, den wir jemals getrackt hatten!

Was machte Lexi den ganzen Tag? Hauptsächlich war sie mit Touristen im Wald spazieren, obwohl es Futterstationen für Straßenhunde in der Stadt gab.

Von-A-nach-B-Gehen/Rennen waren 215 Minuten (3,5 Stunden). Aber ganze 220 Minuten/Tag (~3,5 Stunden) war Lexi gesprintet und eine Stunde hatte sie mit Spielen verbracht! An diesem Tag zeigte sie 4,8 Stunden ruhige Aktivität und schlief 11 Stunden.

Lexi war auch sonst nicht gerade faul! Das war zwar ihr aktivster getrackter Tag. Aber an allen anderen Tagen war sie auch zwischen 310 bis 420 Minuten/Tag aktiv (5 bis 7 Stunden/Tag). Davon 65 bis 210 Minuten Von-A-nach-B-Gehen/Laufen (rund 1 bis 3,5 Stunden/Tag), 85 bis 230 Minuten Rennen/Sprinten (1,5 bis knapp 4 Stunden/Tag) und 10 bis 75 Minuten/Tag Spielen.

Geschlafen hatte sie an den anderen Tagen, den aktivsten Tag nicht mitgerechnet, rund 10,5 bis knapp 12 Stunden/Tag. Ruhige Aktivität maßen wir 6,5 bis 7,5 Stunden/Tag.

Fast noch beachtlicher waren neben den vielen Stunden an Aktivität aber die Kilometer, die Lexi zurückgelegt hatte: zwischen 14 bis 25 Kilometer/Tag. Wobei es meistens um die 22 Kilometer/Tag waren! Das war sehr viel! Immerhin ist das die ungefähre Strecke eines Halbmarathons – und das jeden Tag! Man muss zusätzlich noch bedenken, dass diese 14 bis 25 Kilometer nicht einfach flach waren, sondern

Lexi lief mehrmals täglich vom Dorf bis weit auf den Berg hinauf. Von ihren Lieblingsplätzen im Dorf bis hinauf zu den Stellen im Wald waren es rund 620 Höhenmeter auf 7 Kilometer.

WAS TRIEB LEXI AN?

Am ersten Tag hatten wir Lexi nur das Halsband angezogen, aber hatten erst am Abend Zeit, ihr zu folgen und sie zu beobachten, weil wir einiges erledigen mussten. Als ich am Abend das Halsband auswertete, wunderte ich mich doch sehr.

Warum rannte/sprintete dieser Hund so unfassbar viel? Hatte sie Angst? Musste sie vor etwas flüchten? Ging sie jagen? Und warum war sie ständig in den Bergen? Hatte sie Hunger und suchte Futter? Und warum diese extremen Distanzen?

Am Folgetag hatten wir Zeit, um richtig in Lexis Welt einzutauchen, das war jedoch gar nicht so einfach! Wir konnten zwar immer den Standort aktualisieren, um genau zu wissen, wo Lexi aktuell war, aber das kostete viel Akkuleistung. Ohne eine manuelle Aktualisierung wird der Standort etwa alle 20 Minuten aktualisiert. Bis wir allerdings an einem Standort waren, war Lexi schon wieder ganz woanders. Im Wald ist das GPS durch die Bäume oft um 200 Meter ungenau und bis wir dort waren, hatte Lexi schon wieder ihren Standort gewechselt. Die Waldwege, auf denen Lexi unterwegs war, konnte man größtenteils nur zu Fuß gehen. Und die 620 Höhenmeter hatten es in sich! Vor allem dann, wenn man den ganzen Tag damit beschäftigt war, dem Signal vom Lexi zu folgen und sobald man dort war, wo das Signal vor 15 Minuten war, sah man, dass sie sich schon wieder im Dorf aufhielt. Waren wir dann wieder unten im Dorf angelangt, sahen wir, dass das Signal schon wieder am Berg auftauchte. Und praktischerweise nahm sie nicht immer dieselben Wege.

Lexi war der beste Fitness-Coach für mich – ich ging mehrere Male pro Tag zurück ins Hotel, um mich umzuziehen, weil ich komplett verschwitzt war.

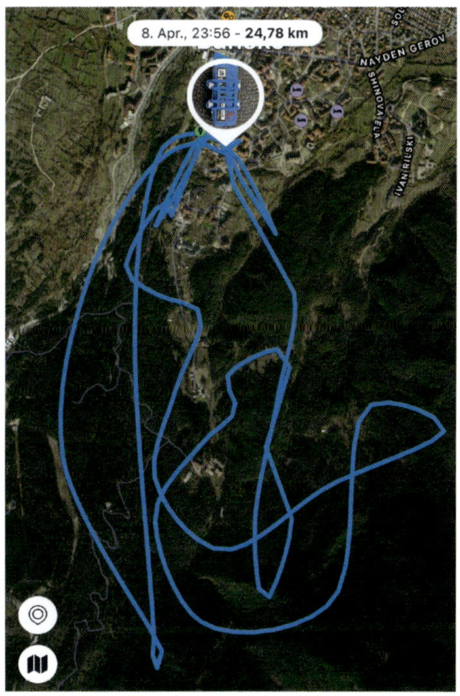

Lexis Route verlief weit hinauf in die Berge.

Aber was hatte sie nun gemacht?

Tatsächlich war es sehr schwierig, Lexi länger zu beobachten, weil sie sehr schnell war und ich ihr kaum hinterherkam, wenn ich ihr folgen wollte. Sie war jedoch zum Glück nicht auf der Flucht und auch nicht am Verhungern. Im Gegenteil, im Ort gab es Futterstationen, wo die Hunde 24/7 so viel Trockenfutter fressen konnten, wie sie wollten.

Lexi war damit beschäftigt, Wanderern, Tourengehern und Hundebesitzern auf den Berg zu folgen! Teilweise rannte sie dann neben Skifahrern die Piste hinunter oder – wenn ihr langweilig wurde –, rannte sie wieder ins Dorf und suchte nach neuen Menschen, die sie begleiten konnte.

Tatsächlich habe ich sie nie allein in den Bergen erwischt! Lexi suchte sich immer Menschen, die sie begleiten konnte. Manchmal war sie gemeinsam mit anderen Straßenhunden unterwegs, aber ich habe nie Straßenhunde allein in den Bergen gesehen. „Gewandert" sind alle immer nur gemeinsam mit Menschen, auch wenn sie diese gar nicht kannten.

Das war für mich sehr interessant! Was etliche Tausend Jahre Domestizierung mit Hunden macht! Vom Wolf, der unzählige Kilometer allein oder mit Artgenossen durch Berge und Wälder streift, zu einem Haushund, der zwar Artgenossen mag und auch gern mit ihnen spielt, aber unter keinen Umständen ohne einen Zweibeiner weite Spaziergänge in die Berge machen möchte!

Ich hatte mich sehr in diesen Tierschutzverein „Bansko Street Dogs" verliebt, weil sie die Hunde nicht einfach ins Ausland vermitteln, sondern zuerst Pflegestellen in Bulgarien suchen und testen, wie sich die Hunde in einem „Home-Setting" verhalten und erst danach vermitteln. Dafür schreiben sie die Kastration groß, was für mich der wichtigste Baustein im Tierschutz ist. Ihre Philosophie ist es, Hunde wirklich nachhaltig zu vermitteln, auch wenn es bedeutet, weniger zu vermitteln und dafür den Straßenhunden das Leben auf der Straße so gut wie möglich und so sicher wie möglich zu gestalten: mit Kastration, Futterstationen, tierärztlicher Versorgung bei Verletzungen und regelmäßigen Impfungen.

Der Verein fragt Hotel-, Wohnhaus- und Ladenbesitzer, ob sie auf ihrem Grundstück Hundehütten als Schutz vor der Kälte und Futterstationen einrichten dürfen. Und viele Einheimische helfen gern mit! Es wird versucht, die Bevölkerung zu integrieren. Auch mit Schulkindern werden Futterstationen gebastelt, bemalt, um schon den Jüngsten die Wichtigkeit von Tierschutz näherzubringen. Kastrierte Hunde werden mit Halsbändern markiert.

Ganz Bulgarien hat, anders als Rumänien, keine Tötungsstationen! Ich habe leider nicht herausfinden können, ob in ganz Bulgarien diese Regelung gilt, aber in den Regionen um Bansko gibt es Hundefänger, die unmarkierte Hunde (also Hunde ohne Halsbänder) fangen, in ein „Lager" bringen und dort werden sie kastriert. Die

01

02

01 – 02

Verschiedene Futterstellen in Bansko für Straßenhunde

03

Eine tote Katze – für Straßenhunde ist es Futter.

03

Hundefänger werden allerdings nur pro kastriertem Hund bezahlt, was nach Angaben des Vereins dazu führt, dass die Hunde, während sie auf die Kastration warten, nicht gefüttert werden. Der Verein geht aber täglich zu diesen Stationen und bringt den Hunden Futter.

Auch hier ist das System nicht optimal, aber den Ansatz, Hundefänger dafür zu bezahlen, dass sie unkastrierte Hunde fangen und dafür sorgen, dass sie kastriert werden, finde ich grundsätzlich einen guten Ansatz, auch wenn man die Umsetzung natürlich noch verbessern kann.

Aber Lexi war nicht der einzige Hund, den wir getrackt haben!

Nachdem Lexi ein sehr aktiver Hund war und wir immer versucht haben, möglichst unterschiedliche Charaktere zu tracken, wollte ich nun nach einem ruhigeren Charakter suchen.

01

02

03

04

MR. 100

Vor einem Supermarkt fand ich „Mr. 100". Er hieß so, weil er eine Ohrmarke mit der Nummer 100 trug. Mr. 100 lag gemütlich vor einem Supermarkt und hob kaum den Kopf, als ich ihn ansprach. Irgendwann ging er langsam und verschlafen die Gasse hinunter. „Perfekt! Ein etwas ruhigerer Hund!", so dachte ich zumindest!

Mr. 100 tauchte irgendwann plötzlich im Ort auf und ging nicht mehr weg. Er war kastriert, etwa ein bis zwei Jahre alt und ein sehr zugänglicher Charakter, wie viele Straßenhunde. Wer ihm die Ohrmarke verpasst hatte, war unklar. Auch wer ihn kastriert hatte, wusste niemand. Bansko Street Dogs jedenfalls legt Hunden keine Ohrmarken an. Wie fast überall in Griechenland werden die Hunde hier gechipt und alle Daten zu dem Hund sind der Chipnummer zugeordnet. Sowohl in vielen Orten Griechenlands als auch beim Verein Bansko Street Dogs versucht man, kastrierte Hunde mit Halsbändern zu markieren, um den Kastrationsstatus auf den ersten Blick zu erkennen. Leider funktioniert das aber weder hier noch in Griechenland – die Halsbänder werden ständig gestohlen. Was auch der Grund war, warum wir für unser Tracking-Projekt nur noch abschließbare Halsbänder nutzten.

Woher Mr. 100 kam, wusste niemand. Spannend war aber, dass es im Ort einen anderen Rüden gab, der eins zu eins wie ein Zwillingsbruder aussah. Wenn beide Hunde vor einem standen, konnte man sie fast nicht auseinander halten – nur anhand der Ohrmarke.

05

06

07

08

01 Sarah mit Mr. 100 und einem anderen Straßenhund an einer Kreuzung in Bansko

02 Mr. 100 bekommt oft Zuwendung von Touristen und Einheimischen.

03 Auf den Streifzügen mancher Hunde mitzuhalten, fällt nicht immer leicht.

04 Das Gebiss von Mr. 100

05 Manchmal gibt es auch von uns Zuwendungen, …

06 … die meiste Zeit folgen wir aber unbemerkt.

07 Mr. 100 schläft an einem abgelegenen Platz …

08 … und spielt mit einem anderen Straßenhund an einer Kreuzung.

Der Doppelgänger von Mr. 100 trug nämlich keine. Auch er war irgendwann im Ort aufgetaucht. Und als dann einige Zeit später Mr. 100 mit seiner Ohrmarke kam, dachten alle, jemand hätte seinem „Zwillingsbruder“ eine Ohrmarke verpasst. Es dauerte einige Zeit, bis den Tierschützern vor Ort klar wurde, dass es „zwei von der Sorte“ gab. Immerhin waren beide Hunde oft an ganz unterschiedlichen Orten. Man sah sie also selten zu zweit nebeneinander.

TRACKING-ERGEBNISSE VON MR. 100

Von Mr. 100 dachte ich, er wäre ein ruhigerer Kandidat. Zumindest wirkte er in der Mittagssonne dösend vor dem Supermarkt deutlich ruhiger als Lexi. Aber ich hatte mich geirrt! Er machte Lexi ordentlich Konkurrenz!

Mit 355 bis 465 Minuten hohe Aktivität/Tag (6 bis knapp 8 Stunden). Davon 100 bis 245 Minuten/Tag Von-A-nach-B-Gehen/Laufen (1,5 bis 4 Stunden), 35 bis 210 Minuten Rennen/Sprinten (35 Minuten bis 3,5 Stunden) und 90 bis 155 Minuten/Tag Spielen (1,5 bis 2,5 Stunden). Rund 5,5 bis 9,5 Stunden/Tag verbrachte Mr. 100 mit ruhiger Aktivität und rund 7 bis 12,5 Stunden mit Schlafen.

Allerdings hatte Mr. 100 bei Weitem nicht so viele Kilometer zurückgelegt wie Lexi, sondern nur 8 bis 24 Kilometer, wobei sowohl 8 als auch 24 Kilometer eher die Ausnahme waren. Meistens lief er um die 12 Kilometer. Bei Lexi hingegen waren 22 bis 24 Kilometer/Tag der Standard.

Mr. 100 lief sehr interessante Routen! Während die meisten Hunde ihre Stammplätze hatten und überwiegend jeden Tag ähnliche Wege gehen, war Mr. 100 z. B. einmal ganz nördlich von seinen Lieblingsplätzen und verbrachte einen Tag damit, durch die Innenstadt zu spazieren. An einem anderen Tag war er den ganzen Tag im Süden, also in der entgegengesetzten Richtung auf dem Berg!

Solche unterschiedlichen Routen kommen normalerweise dann zustande, wenn Hunde Menschen folgen. Das hatte Mr. 100 zwar auch gemacht, besonders wenn es auf den Berg ging, aber nie so intensiv wie andere Hunde.

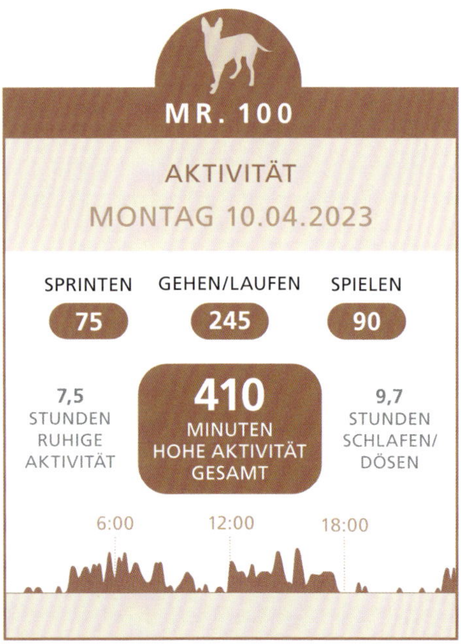

Lexi hatte sich oft einen Menschen ausgesucht und war dann 4 Stunden mit der Person zum Wandern gegangen. Auch wir kennen aus unterschiedlichen Ländern, dass Straßenhunde viele Stunden lang mit uns spazieren gehen und uns nicht von der Seite weichen, bis wir ins Auto steigen.

Mr. 100 suchte immer wieder kurz Anschluss, war dann aber sehr schnell wieder seinen eigenen Weg gegangen. Er bog im Wald ab und lief woanders hin, ging zurück oder blieb einfach stehen und widmete sich einem spannenden Geruch.

Mr. 100 spielte auch sehr gern! Einmal schaute ich vom Balkon unseres Apartments hinaus, weil das Signal von seinem GPS-Halsband direkt von dort kam, und beobachtete ihn dann sicher eine Stunde vom Balkon aus, wie er mit seinem Doppelgänger und einem kleinen schwarzen Hund wild auf einer Kuhweide spielte, die zu dem Zeitpunkt nicht genutzt wurde. Generell spielen unseren Beobachtungen zufolge erwachsene, kastrierte Hunde mehr als erwachsene, unkastrierte Hunde.

Und dann war da noch Yisa!

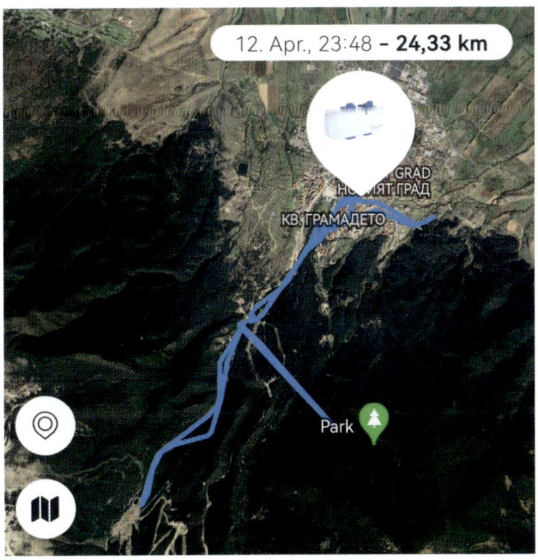

01

02

01 – 02
Yisa und Mr. 100 spielen auf der Skipiste vor den Bergen Banskos.

Yisa auf der Skipiste vor den Bergen Banskos

Yisa haben wir ganz zufällig kennengelernt.

YISA

Yisa war etwa vier bis fünf Jahre alt und wurde erst drei Monate zuvor von dem ortsansässigen Verein kastriert. Wir hatten sie zufällig kennengelernt, als wir darauf warteten, dass Mr. 100 von seinem Bergausflug zurückkam und wir ihm folgen konnten. Wir sahen am GPS-Signal, dass er auf dem Rückweg von seinem Ausflug war, und wollten ihn abpassen. Und während wir so auf ihn warteten, bemerkten wir Yisa. Nach kurzer Rücksprache mit dem Verein waren wir uns dann auch sicher, dass sie ein Straßenhund war und legten ihr ein Halsband an.

YISAS TRACKING-ERGEBNISSE

Yisa war extrovertiert, sehr verspielt, frech und sehr wild mit anderen Hunden. Schon bald hatten wir registriert, dass sie wie die anderen beiden auch sehr gern Touristen begleitetete und Autos verbellte. Meistens war sie rund 12 Kilometer/Tag spazieren.

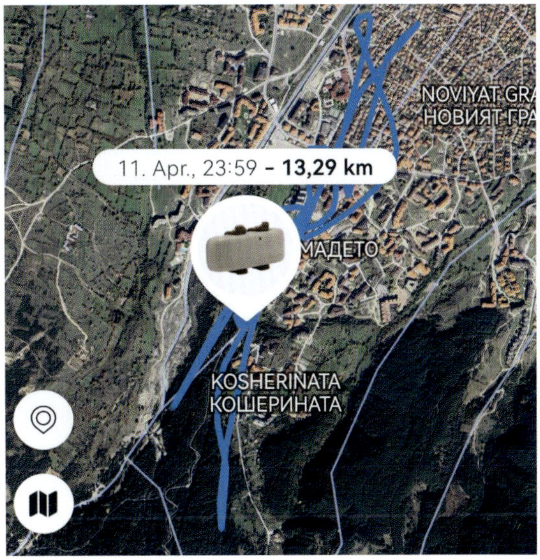

Sie war zwischen 190 bis 485 Minuten/Tag hochaktiv (~ 3 bis 8 Stunden/Tag). Davon 0 bis 65 Minuten/Tag Rennen/Sprinten, 180 bis 395 Minuten/Tag Laufen/ Gehen (3 bis 6,5 Stunden/Tag) und 10 bis 40 Minuten/Tag Spielen.

Mit ruhiger Aktivität war Yisa pro Tag 4 bis 7 Stunden beschäftigt. An den weniger aktiven Tagen gab es dafür mehr ruhige Aktivität: Beobachten, Schnüffeln etc. Geschlafen hatte Yisa rund 12 bis 14 Stunden/Tag.
Auch hier hatte sie an den Tagen mit weniger hoher Aktivität immer 1 bis 2 Stunden mehr geschlafen, als an den actionreichen Tagen.

Sehr interessant war für uns zu sehen, dass sich alle drei Hunde aus diesem Ort kannten, obwohl wir besonders bei Mr. 100 und Lexi bewusst darauf geachtet hatten, Hunde an unterschiedlichen Plätzen im Ort, die relativ weit voneinander entfernt waren, zu tracken. In Griechenland dagegen hatten die Hunde meistens nicht so große Reviere bzw. Orte, die sie regelmäßig aufsuchten.

Am letzten Tag, als ich den Hunden die Halsbänder wieder abnehmen wollte, lagen Mr. 100 und Lexi gemeinsam spielend auf der mittlerweile schon sehr grünen Skipiste, auf der man nur noch ganz in der Mitte auf einem kleinen Schneefeld fahren konnte. Nachdem ich beiden die Halsbänder abgenommen hatte, begleiteten sie mich noch etwa 500 Meter bis zum Auto.

☞ GEFÜHL UND WIRKLICHKEIT

Die Hunde hier waren alle so zugänglich und es fiel mir schwer, meine Gefühle beiseite zu schieben: Wir Menschen neigen dazu, in so einem Fall zu interpretieren, dass sie vielleicht mitfahren wollten, dass sie sich ein warmes Zuhause wünschten etc. Wenn wir diese Gefühle aber einmal außen vor lassen, dann haben diese Hunde einfach viele gute Erfahrungen mit Menschen gemacht. Sie werden dort gefüttert, viele Touristen haben deutlich besseres Essen dabei als das Trockenfutter aus den Futterstationen, und es sind sehr aktive Hunde, die gern Menschen begleiten. Sie wissen nicht, dass man als Haushund rund ein bis drei Stunden am Tag spazieren geht und ansonsten meist nur im Haus herumliegt. Für Hunde, die nichts anderes kennen, als den ganzen Tag frei in den Bergen zu laufen, wäre das also nicht unbedingt eine Lebensverbesserung, vor allem, weil sich hier die Vereine sehr gut um die Hunde kümmern und es keine Gefahr durch Hundefänger und Tötungsstationen gibt wie in Rumänien.

Rumänien ist im Vergleich ein ganz spezielles Land, weil es von der politischen Seite her dort gewünscht wird, dass es Tötungsstationen und Hundefänger gibt. Und parallel zu diesem Wahnsinn wird viel Propaganda in den Medien betrieben, um der Bevölkerung zu erklären, wie gefährlich und aggressiv Straßenhunde sind. Trotzdem gibt es natürlich in Rumänien viele tierliebe Menschen, aber es ist nicht vergleichbar mit Griechenland oder vielen Orten in Bulgarien. Hier haben wir bei jedem Einkauf im örtlichen Supermarkt an der Kasse die „Supermarktkatze" gestreichelt. Die Supermarktkatze war eine Straßenkatze, die der Besitzer des Supermarktes mochte. Sie hatte auch einen Namen. Diese Katze lag den halben Tag neben der Kasse im Regal. Ein Regalfach war für sie reserviert, und es lag dort

Straßenkatze im Supermarkt

01

02

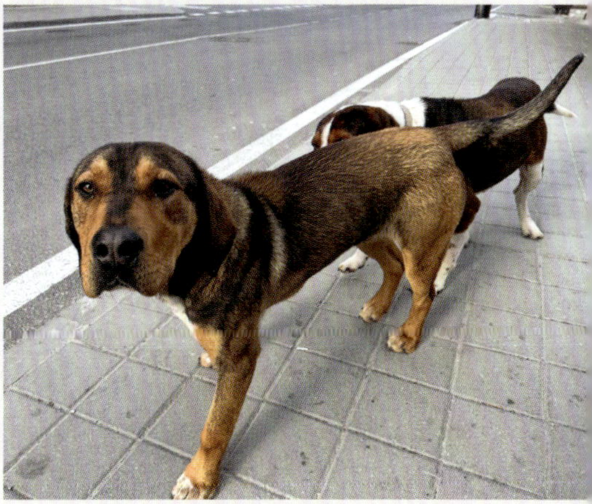

03

ein Handtuch für sie, damit sie ein gemütliches Plätzchen hatte. In den Fächern darüber und darunter standen die normalen Verkaufsprodukte.

Solche und ähnliche Szenen erlebten wir regelmäßig in Ostländern. Umso trauriger macht es mich dann, wenn Menschen aus dem deutsch- oder englischsprachigen Raum sagen, alle Bulgaren, Griechen etc. wären Hunde- oder Tierhasser. Natürlich gibt es dort Menschen, die Tiere nicht leiden können – genauso wie in allen anderen Ländern. Aber ganz ehrlich – ich habe noch nie, weder in Österreich, Deutschland, der Schweiz oder England eine Katze oder einen Hund im Supermarkt liegen sehen. Im Osten ist es zwar auch nicht die Norm, aber es kommt immer wieder vor!

Wir haben sowohl hier als auch in anderen Ländern mehrfach erlebt, dass Hunden Kissen herausgelegt werden. Und wie schon einige Male in diesem Buch erwähnt – viele Straßenhunde sind übergewichtig, weil es doch einige Menschen sehr gut mit ihnen meinen.

01 Straßenhund auf Gehweg in Bansko

02 Links ein kleiner Straßenhund in Bansko mit unserem Pflegehund Billy

03 Ein Straßenhund mit einem Besitzerhund auf dem Gehweg unterwegs in Bansko

Wenn der Straßenhund einen zu breiten Hals hat, um ihm unser Tracking-Halsband anzuziehen …

… dann bleibt nur, einfach so zu kuscheln.

In Bulgarien ist es wie in vielen Ländern nicht unüblich, dass Haushunde allein spazieren gehen. In vielen Ländern ist das sogar deutlich öfter die Norm, als Menschen, die mit ihren Hunden gemeinsam spazieren gehen. Deshalb sind wir immer froh über die Zusammenarbeit mit Organisationen vor Ort, die uns sagen, welcher Hund ein Straßenhund ist und welcher nicht. Rein optisch oder vom Verhalten her kann man das selten sagen. Der erste Hund, den ich ursprünglich hier tracken wollte, stellte sich z. B als Haushund eines Restaurantbesitzers heraus. Trotzdem ist uns dieser Hund fast täglich an den unterschiedlichsten Orten begegnet: häufig vor dem Supermarkt, gelegentlich vor unserem Lieblingsrestaurant (es war nicht das Restaurant seines Besitzers!) und sogar einmal in der Hotelanlage, in der wir gewohnt hatten. Dieser Hund hatte auch immer gern mit unseren Hunden gespielt und sich uns angeschlossen.

Wenn sich jemand zum ersten Mal in einem Land mit Straßenhunden aufhält, könnte er jetzt wunderbar hineininterpretieren, dass sich solche Hunde ein

Immer wieder sehen wir Hunde zu zweit oder zu dritt – oft Familienmitglieder.

Zuhause wünschen und Hunger haben. Es gibt Hunde, die immer etwas fressen wollen, und das war so ein Hund. Tatsächlich hatte dieser Hund ein Zuhause und fand es lustig, mit unseren Hunden zu spielen. Er hatte aber jederzeit die Möglichkeit nach Hause ins Warme zu gehen. Ein anderes Mal konnten wir einen Straßenhund dabei beobachten, wie er eine Taube zerrupfte. Gerade als ich die Szene fotografierte, kamen Touristen aus England vorbei und redeten darüber, wie arm der Hund wäre, dass er solchen Hunger hätte. Sie dachten, der Hund hätte verzweifelt vor Hunger die Taube erlegt. Bei näherem Hinsehen war der Hund jedoch mehr als gut genährt, und das eine oder andere Kilogramm weniger hätte ihm nicht geschadet. Die Taube war außerdem fast schon mumifiziert. Sehr wahrscheinlich hatte er sie irgendwo gefunden. Am Vortag hatte ich genau diesem Hund die Reste meiner Pizza gegeben und mit Ausnahme des Käses hatte er davon nichts gefressen. Die Hunde bekommen von den Touristen so viel und auch der Tierschutzverein hat immer volle Futterstationen im Ort aufgestellt. Und bei längerer Beobachtung hatte der Hund nicht einmal versucht, die Taube zu fressen, sondern fand es nur interessant die Federn herauszurupfen und damit zu spielen.

Wir müssen also immer vorsichtig damit sein, unsere eigenen Gefühle in die Hunde hineinzuinterpretieren.

Eine Taube als Mahlzeit?…

… Oder doch als Spielzeug?

EIN BESUCH IN DER ALTEN HEIMAT – ÖSTERREICH

1
WIEN

Jody, Seite 196
Spotty, Seite 200
Jill, Seite 201

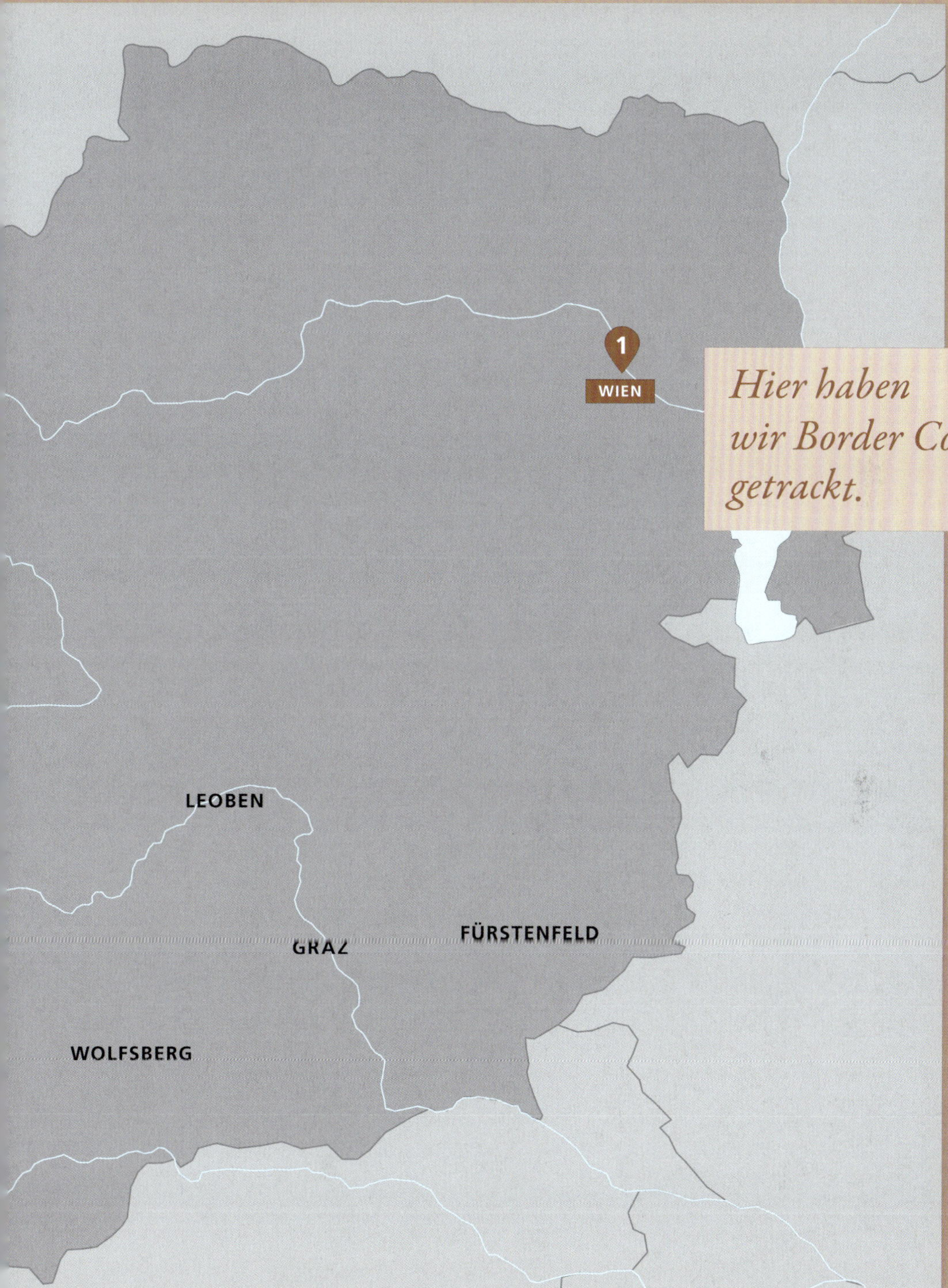

Hier haben wir Border Collies getrackt.

BORDER COLLIES IN ÖSTERREICH – EIN EXKURS

Am Ende dieser spannenden Reise haben wir noch für ein paar Wochen unsere ehemalige Heimat Österreich besucht.

Am Fuße der Hohen Wand, nicht weit von unserem früheren Zuhause, wohnt Kerstin, eine Landwirtin, die zu einem großen Teil von der Schafzucht lebt. Um ihre Schafe von A nach B zu bringen, hält sie Border Collies. Wir haben ihre drei Hunde mit GPS- und Aktivitätstrackern ausgestattet, um auch diese Hunde noch besser zu verstehen und in ihr Leben hineinzuzoomen. Alle Border Collies waren unkastriert.

Und diese drei Hunde möchte ich hier kurz vorstellen.

Hüten ist eine kräftezehrende Arbeit – sowohl körperlich als auch geistig.

Zum einen haben wir die beiden jungen Hündinnen getrackt: die zweijährige „Jody“ und die einjährige „Spotty“, die durch ihr komplett weißes Gesicht sofort ins Auge fällt. Und dann gab es noch die achtjährige „Jill“. Sie war der Border Collie, mit dem Kerstin die Arbeit an den Schafen selbst begonnen und gelernt hat, und ihr bester und zuverlässigster Hund. Zu dem Zeitpunkt, als wir sie getrackt hatten, war sie noch topfit und wir waren beeindruckt, wie routiniert sie die Schafe von A nach B trieb und die schwierigeren Arbeiten übernahm, die für Spotty und Jody noch zu herausfordernd waren. Leider wurde einige Monate, nachdem wir Kerstins Hunde bei der Arbeit beobachten durften, bei Jill ein Hirntumor festgestellt und sie musste eingeschläfert werden. Wir hoffen, dass Jill besonders vielen Border-Collie-Haltern hilft, diese Rasse noch besser zu verstehen und so anderen Rassevertretern ein noch besseres Leben ermöglicht!

Während wir Kerstins Hunde getrackt haben, war es gerade Mitte Mai. Es war also die „Übergangszeit“ vom Winter, wenn die Hunde sehr wenig bis gar nicht arbeiten, zum Sommer, wenn die Hunde stark gefordert sind, die Schafe auf den nahe gelegenen Berg und wieder heruntertreiben, verloren gegangene Schafe zurückbringen etc.

Aber wie aktiv waren sie nun? Gerade bei Border-Collie-Haltern erlebe ich nicht selten, dass die Hunde einen sehr ausgefüllten Tagesplan haben. Es sind mitunter die aktivsten Hunde. Das hört man ständig. Also muss man sie jeden Tag stundenlang auslasten, oder? Ich werde die Zahlen noch im Detail zeigen, aber so viel sei gesagt: Lexi, die Straßenhündin aus Bulgarien, war deutlich aktiver! So wie viele andere Straßenhunde auch!

Ein Border Collie an der Schafherde

Zugegeben, würde man Jody, Spotty und Jill oder auch meine Border-Collie-Hündin Yari aussetzen, wären sie vermutlich ebenfalls deutlich aktiver. Sie würden aber vermutlich nur sehr kurz leben. Gerade Border Collies wollen viele Anweisungen. Sind sie einmal auf eine Sache fokussiert, dann bekommen sie sonst nicht mehr allzu viel mit. Und sie neigen stark zu Suchtverhalten wie exzessivem Ballspielen.
All das würde auf der Straße dazu führen, dass sie schnell vor einem Auto landen würden und wahrscheinlich auch sehr gestresst und überfordert wären mit den ganzen Entscheidungen, die sie selbst treffen sollen.

Gerade „Hochleistungsrassen" wie Border Collies, Aussies, Malis und Co. brauchen zum einen einen „Job" und müssen entsprechend gefordert werden, aber sie müssen außerdem dringend Ruhe lernen. Andernfalls sind sie meiner Erfahrung nach sehr überfordert, unnatürlich hektisch und hibbelig und nicht selten auch aggressiv oder schnell reizbar.

Und wie lange waren die drei Arbeitshunde von Kerstin nun aktiv?

JODYS TRACKING-ERGEBNISSE

Beginnen wir mit Jody, der zweijährigen Hündin! Jody war 45 bis 135 Minuten/Tag hochaktiv (0,75 bis etwas über 2 Stunden/Tag). Davon 0 bis 20 Minunten Rennen/Sprinten/Tag (wobei es an den meisten Tagen eher nur 5 Minuten waren), 25 bis 80 Minuten/Tag Laufen/Von-A-nach-B-Gehen und 15 bis 60 Minuten/Tag hat Jody mit Spielen verbracht.

9 bis 12 Stunden/Tag zeigte sie ruhige Aktivität und rund 10 bis 14 Stunden schlief sie.

Gespielt hatte Jody meistens mit Spotty. Wenn die Hunde nicht arbeiten, dann sind sie meistens im Hof von Kerstin. Wichtig zu betonen, ist natürlich: Auch wenn die Hunde nicht täglich sonderlich viel arbeiten, wenn sie dann arbeiten, dann vollbringen sie oft Hochleistungen! Wir können nun also nicht einfach so sagen: „Ach, jeder Border Collie braucht viel weniger Auslastung als die meisten Straßenhunde, das ist ja praktisch!"

Zwei Stunden hochaktiv klingt nach nicht viel, wenn man es mit Lexi aus Bulgarien vergleicht. Aber Lexi ist spazieren gegangen. Jody war beim Treiben geistig und körperlich massiv gefordert, was man schwer mit Spazierengehen vergleichen kann. An dem Tag, an dem wir bei Jody die höchste Aktivität (etwas über 2 Stunden) gemessen hatten, wurden die Schafe von einer ca. 500 bis 600 Meter entfernten Wiese in den Stall getrieben, entwurmt und dann wieder hinausgetrieben. Jody war dabei extrem gefordert, musste gemeinsam mit Jill immer wieder Schafe „einsammeln", die die Herde verlassen hatten. An dem Tag war es außerdem auch schon

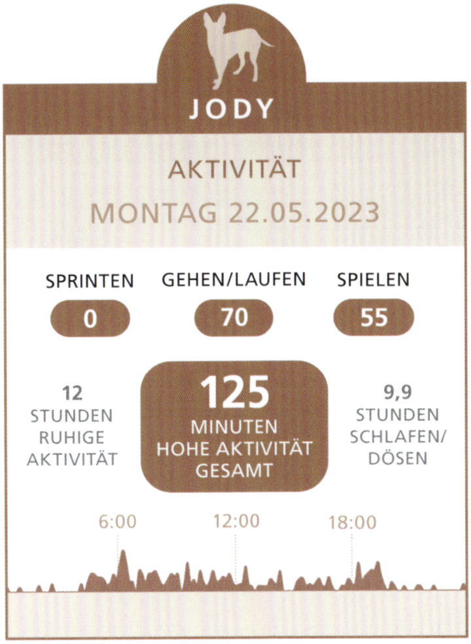

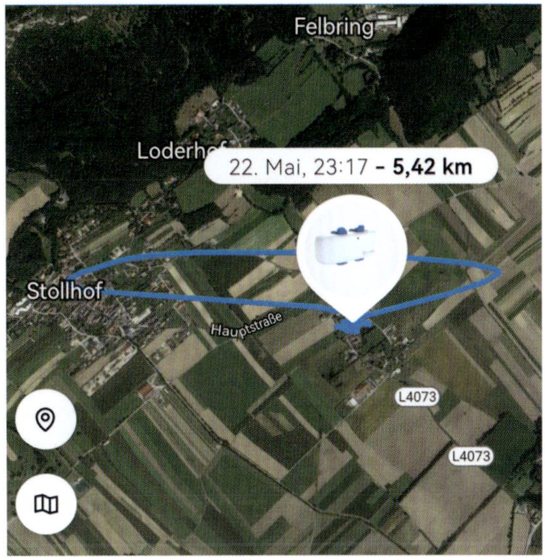

ziemlich warm, was zusätzliche Kräfte erforderte. Und auch das Entwurmen, das Separieren der alten von den jungen Schafen (nur die jungen wurden an dem Tag entwurmt) dauerte Stunden. Dabei hatte Jody ein Gatter bewacht, wo die jungen Schafe versuchten durchzuschlüpfen. Sie war währenddessen nur vor dem Gatter gelegen und hatte sich kaum bewegt, sie war also körperlich nicht wirklich aktiv, was von dem Aktivitätstracker als „ruhige Aktivität" aufgezeichnet wurde. Aber natürlich war sie kopfmäßig hoch konzentriert.

So ein Verhalten zeigen die meisten Straßenhunde selten bis nie. Generell arbeiten Straßenhunde nicht in dem Sinn, wie es Gebrauchshunde tun. Der Tagesablauf von Straßenhunden besteht meistens aus Schlafen, Beobachten, Spazieren, Spielen, Futter suchen und bei manchen Hunden aus Autojagen oder ähnlichen Aktivitäten. Bei unkastrierten Rüden kommt im Frühling noch das Hinterherlaufen von Hündinnen dazu.

All diese Aktivitäten sind aber schwer vergleichbar mit denen von Hunden wie Jody. Umso wichtiger ist es daher, die Daten von Jody und den anderen Border Collies in den richtigen Kontext zu setzen.

Aber wie können wir uns das Wissen über die Arbeit von Gebrauchshunden zunutze machen?

Wenn wir beispielsweise eine Lexi aus Bulgarien haben, die in einem westlichen Haushalt gelandet ist: Auch wenn diese Hunde gern und ohne Probleme stunden-

lang mit uns wandern gehen, müssen wir nicht jeden Tag acht Stunden wandern, um ihnen gerecht zu werden. Wir können uns mit solchen Hunden genauso hochgradig fordernde Dinge erarbeiten und gleichzeitig an dem Thema Ruhe arbeiten. Wir können hochaktiven Hunden also beibringen, ihre Energie zu kanalisieren für Jobs, die ihnen Spaß machen und dazwischen dann deutlich mehr Ruhe einfordern, als sie es bisher gewohnt waren.

Ganz wichtig ist dabei aber, was wir mit den Hunden machen. Erfahrungsgemäß pushen Aktivitäten wie Ballspielen, Agility, Frisbee und Co. Hunde eher hoch, als sie zu fordern und anschließend zu entspannen. Deutlich bessere Erfahrungen habe ich mit Aktivitäten wie Tricktraining, Dummy-Arbeit, Longieren oder – meinem absoluten Favorit – Spürhunde-Training – gemacht. Beim Spürhunde-Training sucht der Hund nach einem speziellen Geruch und zeigt diesen z. B. durch ein Hinlegen an.

Als Menschen sind wir schnell versucht, statt Spürhunde-Training – was am Anfang doch sehr aufwendig ist, den Hund einfach Futter im Garten suchen zu lassen. Futter im Garten zu suchen ist für Hunde allerdings absolut nicht vergleichbar mit Spürhunde-Training! Hunde sind wie die meisten Tiere von Natur aus darauf programmiert, spazieren zu gehen und dabei nach Essbarem zu suchen. Wäre das also eine hochanstrengende Tätigkeit, die jeden Tag (nicht nur ab und zu, wenn man im Winter weniger findet etc.) extrem kräftezehrend und anstrengend ist, dann könnten Tiere das nicht mehr oder weniger den ganzen Tag tun, und es würde viel zu viel wertvolle Energie kosten. Darum funktioniert das Suchen von Futter bei den meisten Hunden fast schon auf „Autopilot“. Sie müssen darüber nicht viel nachdenken.

Border Collie beim Hüten

Beim Spürhunde-Training sucht der Hund aber …

— nach einem besonderen Geruch, für den er sich grundsätzlich nicht interessieren würde (z. B. Trüffel, einen Teebeutel mit einem speziellen Geruch etc.).
— und wenn er den Geruchsträger gefunden hat, darf er ihn entgegen seiner natürlichen Instinkte (wenn man lange nach etwas sucht) weder fressen noch apportieren,
— sondern muss durch ein Vorsitzen, Hinlegen oder Anbellen des Geruchsträgers auf seinen Fund aufmerksam machen.

Für uns Menschen klingt das immer noch nicht nach einer allzu großen Anforderung, aber für Hunde ist das eine sehr komplexe Abfolge von Handlungen. Nicht umsonst sind die meisten Spürhunde nach kurzer Zeit reif für eine Pause! Das Spürhunde-Training kommt besonders häufig bei der Polizei bei der Suche nach Drogen zum Einsatz und ist ebenfalls eine tolle Auslastung für unsere Haushunde!

Auch wenn dein Hund besser nicht nach Drogen suchen sollte, kannst du ihn auf fast jeden Geruch konditionieren. Sogar auf Geld! Münzen haben einen ganz eigenen, metallischen Geruch. Zugegeben, das ist schon etwas für Fortgeschrittene, weil der Geruch trotzdem nicht sehr stark ist. Abhängig von der Motivation des Hundes und den eigenen Interessen kann man Hunde aber z. B. gut auf Pilze konditionieren, nicht nur auf Trüffel, wie die Hunde der Trüffeljäger in Ländern wie Kroatien, Italien oder Bulgarien, sondern auch auf Steinpilze, Parasol oder Eierschwammerl.

Wer das Training nur just for fun mit seinem Hund machen möchte, kann einfach Teebeutel verwenden.

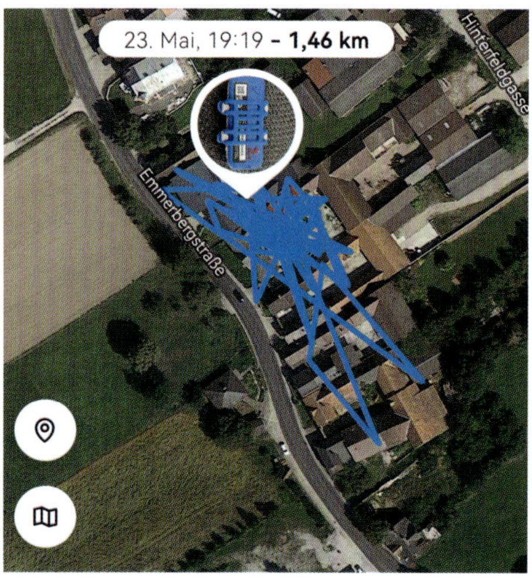

Was war nun aber mit Jill und Spotty?

SPOTTYS TRACKING-ERGEBNISSE

Spotty arbeitet noch nicht viel mit. Sie darf gelegentlich üben, ist jedoch noch nicht so sehr ins Tagesgeschehen integriert. Sie war 40 bis 115 Minuten/Tag hochaktiv (0,6 bis knapp 2 Stunden). Die meiste Zeit davon aber nicht an den Schafen, sondern beim Herumlaufen im Hof von Kerstin oder wenn die Hunde Kerstin bei Ausflügen am Quad von Koppel zu Koppel begleitet haben.

Davon hat Spotty 0 bis 55 Minuten mit Rennen/Sprinten verbracht, 10 bis 30 Minuten mit Laufen/Von-A-nach-B-Gehen und 10 bis 35 Minuten/Tag mit Spielen.

Ruhige Aktivität haben wir bei ihr 6,5 bis 10,5 Stunden/Tag beobachtet und geschlafen hat sie rund 12 bis 17 Stunden/Tag.

Das klingt nach gar keinem so großen Unterschied zu Jody, allerdings muss man bedenken, dass Spotty, auch wenn der Tracker hohe Aktivität aufzeichnet, einfach nur im Hof gespielt hat. Das ist weder körperlich noch geistig mit den Anforderungen vergleichbar, die an einen Hund beim Treiben von Schafen gestellt werden! Dabei müssen die Hunde zum einen alle Schafe im Blick haben, nebenbei aber auch noch zuhören, was der Hirte oder Schafbesitzer für Anweisungen gibt und nebenbei noch extrem schnell laufen, um Schafe, die gerade in die falsche Richtung loslaufen, zu stoppen. Der Tracker nimmt aber nur wahr, wie viel er bewegt wird. Darum muss man die Beobachtungen immer mit den Daten kombinieren.

Gerade bei jungen, als reine Haushunde gehaltenen Arbeitsrassen sehen wir leider den Trend, die Hunde schon sehr früh übermäßig zu fordern. Das führt nicht selten zu komplett gereizten, nervösen und unausgeglichenen Hunden. Und das ist schade, weil es nicht sein müsste, wenn wir uns an den Menschen ein Beispiel nehmen würden, die diese Rassen tatsächlich zum Arbeiten halten!

Und wie aktiv war Jill, die Seniorin der Gruppe?

JILLS TRACKING-ERGEBNISSE

Jill war 35 bis 115 Minuten/Tag hochaktiv (an den meisten Tagen waren es 85 bis 95 Minuten). Zusammengesetzt aus 0 bis 50 Minuten Rennen/Sprinten. Die häufigsten Werte waren dabei 0 bis 15 Minuten Rennen/Sprinten. Die 50 Minuten kamen am selben Tag zustande, an dem auch Jody die meiste Aktivität zeigte, nämlich an dem Tag, an dem die jungen Schafe entwurmt wurden und dementsprechend viel Arbeit für die Hunde anfiel. Zumindest für Jill und Jody. Spotty hatte noch nicht mitgeholfen.

10 bis 40 Minuten hatte Jill gespielt und 15 bis 85 Minuten hatte der Tracker Laufen/Von-A-nach-B-Gehen aufgezeichnet. 85 Minuten – wahrscheinlich auch wieder an dem Entwurmungstag? Tatsächlich nein! Da waren es nur 25 Minuten und dafür 50 Minuten Sprinten, weil Schnelligkeit beim Treiben dann doch deutlich häufiger gefragt war als nur Gehen.

Ruhige Aktivität hatten wir bei Jill rund 5 bis 11,5 Stunden/Tag gemessen und geschlafen hatte sie rund 11 bis 18 Stunden/Tag. Die 18 Stunden Schlaf hatte sie nach der Entwurmung der Lämmer und der damit für sie verbundenen anstrengenden Arbeit gebraucht.

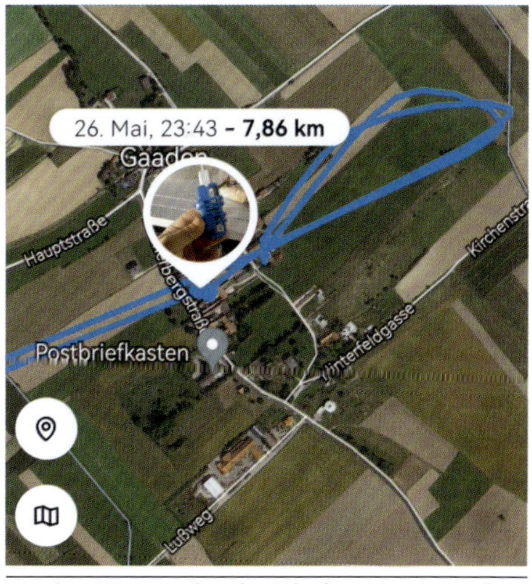

An dem Tag wurden die Schafe entwurmt und Jill hatte viel Arbeit.

WAS KÖNNEN WIR AUS DEN MESSUNGEN UND BEOBACHTUNGEN LERNEN?

Manche Straßenhunde verbringen den Großteil des Tages ruhend.

WAS WIR FÜR ALLTAG UND TRAINING LERNEN KÖNNEN

Am Ende des Buches stellt sich die Frage, was wir aus den Beobachtungen und den GPS-Messungen konkret für unseren Alltag und das tägliche Training für unsere Hunde mitnehmen können.

In erster Linie zeigen unsere Ergebnisse, wie hochgradig individuell Hunde sind.

Wir können uns davon verabschieden zu sagen, dass Hunde pauschal eine bestimmte Anzahl Stunden schlafen sollten und Welpen täglich pro Lebensmonat nur fünf Minuten spazieren gehen dürfen. Solche Aussagen haben mit der Realität nichts zu tun. Und allgemein zu sagen, dass Hunde X Stunden an Bewegung brauchen, ist genauso wenig sinnvoll.

Hunde sind so verschieden, weil sie für so ein großes Spektrum an Aufgaben gezüchtet wurden. Es gibt Hunde auf allen „Energieleveln". Und das muss man bei der Auswahl des Hundes unbedingt bedenken. Ein Welpe ist kein unbeschriebenes Blatt, der nur Produkt seiner Prägung und Erziehung ist, sondern bringt einen großen „Sack" Genetik mit, der unter anderem zu einem entscheidenden Grad über seine Aktivität entscheidet.

☞ DAS BESTE FÜR UNSERE HUNDE

Ich wollte mit diesem Buch in das Leben von Straßenhunden eintauchen und beobachten, was sie den ganzen Tag machen. Sehr erstaunt hat mich, wie viele der Straßenhunde Bezugspersonen haben. Was nicht heißt, dass wir keine Hunde mehr retten sollen oder jede Adoption bedeuten würde, dass wir Hunde aus ihrem gewohnten Umfeld reißen – in manchen Fällen ja, in manchen Fällen nein. Aber ich hoffe, es bringt Menschen zum Nachdenken, das Thema Tierschutz in seiner Komplexität wahrzunehmen. Es ist schwierig zu sagen, was richtig und was falsch ist. Es gilt immer den individuellen Fall zu beurteilen.

Ich würde mir wünschen, dass mein Buch andere Menschen motiviert, Hunden in Not auch noch mehr vor Ort zu helfen, z. B. durch Kastration, Futterstellen und tierärztliche Versorgung. Und ich hoffe, es hilft Menschen, die auf der Suche nach einem Hund sind, noch genauer hinzusehen, welcher Hund zu ihnen passen könnte, auf den Charakter und die Eigenschaften des Hundes zu schauen und nicht als erstes Auswahlkriterium die äußere Optik zu nehmen.

Manche Straßenhunde verbringen viel Zeit mit Spielen mit Artgenossen, …

Was die sehr spannenden Daten der Bewegungsprofile angeht, so könnte man natürlich versuchen, anhand der Ergebnisse Durchschnittswerte zu berechnen und die Hunde in Kategorien einzuteilen, was Schlafmenge, Bewegung etc. angeht.

Sinnvoll ist das aber nicht! Es gibt so viele unterschiedliche Rassen, Typen und Charaktere. Es macht keinen Sinn, alle Hunde gleich zu trainieren oder unter den gleichen Umständen zu halten. Genau das wollte ich mit diesem Buch zeigen: Wie individuell Hunde sind. Auch Hunde, die unter vermeintlich ähnlichen Umständen aufwachsen, können ein komplett konträres Verhalten zeigen, je nachdem, welche Genetik in ihnen steckt.

… und andere sind die meiste Zeit Einzelgänger auf Abenteuer-Streifzug.

Unsere Aufgabe als Hundehalter ist es, das Beste aus unseren Hunden herauszuholen. Wir können ihnen vieles nicht bieten, was sie in Freiheit haben. Aber wir können ihnen durch Training und Erziehung ein großes Maß an Freiheit wieder zurückgeben.

Wenn ich nun aber schon einen Hund zu Hause habe, unabhängig davon, ob er sehr aktiv oder faul ist, dann müssen wir einen Kompromiss mit dem eigenen Hund finden. Die Freiheit, die Straßenhunde oder frei laufende Hunde mit Besitzern haben, können wir unseren Hunden in den meisten westlichen Ländern nicht bieten.

Bei den faulen Kandidaten ist es einfach – diese Hunde sind meistens sehr zufrieden mit gemütlichen Spaziergängen und auch die meisten Menschen haben wenig Probleme damit, den Hund für eine große, mehrtägige Wanderung eben nicht mitzunehmen, weil sie wissen, dass ihrem Hund das zu viel wäre.

Schwieriger wird es da schon, wenn man einen Hund zu Hause hat, der ähnlich aktiv ist wie Lexi (siehe Seite 176). Kaum ein Hundehalter möchte acht Stunden am Tag Berge hinauf- und hinunter rennen. Wie wird man so einem Hund nun gerecht?

Ein Hund wie Lexi wird nie glücklich werden, wenn er einmal täglich 30 Minuten um den Häuserblock spazieren geht, aber wir können einen Kompromiss mit solchen Hunden finden. Statt acht Stunden spazieren zu gehen oder zu wandern, funktioniert bei Hunden wie Lexi eine gezielte Auslastung kombiniert mit Ruhetraining oft sehr gut.

Aber Achtung! Auslastung ist nicht gleich Auslastung!

Wie aktiv ein Hund werden wird, lässt sich meist schon im Welpenalter beobachten.

AUSLASTUNG, RUHE UND ALLTAGSBASICS

AUSLASTUNGSMÖGLICHKEITEN

Es gibt Beschäftigungsarten bzw. Auslastungsformen, die Hunde eher hochpushen als wirklich auslasten. Die Hunde sind dann vielleicht danach kurzfristig erschöpft, aber tun sich anschließend mitunter noch schwerer, sich zu entspannen. Das Ganze ist vergleichbar mit Kindern, die einen Tag im Erlebnispark oder in Disneyland verbracht haben. Natürlich sind diese Kinder anschließend nicht tiefenentspannt, sondern oft noch tagelang aufgeregt und aufgekratzt, verglichen mit Kindern, die von einer Wanderung mit den Eltern zurückkommen.

Die folgenden Auslastungsformen bewirken tendenziell, dass der Hund anschließend noch überdrehter ist und sind dementsprechend *wenig geeignet* für sehr aufgeregte, energetische und hektische Hunde:
— Ballspielen
— Frisbee
— Agility
— Flyball

Tendenziell empfehlenswerte Auslastungsmöglichkeiten für sehr energetische und sportliche Hunde sind:
— Dummy-Arbeit
— Spürhunde-Trainining (Achtung! Spürhunde-Training bedeutet nicht, Futter im Garten zu verstreuen. Das lastet Hunde kaum aus! Es geht hierbei um die Geruchsanzeige, siehe Seite 199.)
— Tricktraining
— Longieren (wenn Ruheübungen integriert werden!)

Wie bei allem gilt auch hier: Die Dosis macht das Gift. Wenn der Hund nach einer Stunde Spürhunde-Training und konzentrierter Arbeit als Bestätigung den Ball geworfen bekommt, wird er deswegen nicht völlig überdrehen. Auch ein kleiner Agility-Parcours im Garten, den man ab und zu zum Spaß mit dem Hund durchläuft und optimalerweise viele Sequenzen einbaut, bei denen der Hund abwarten oder auch mal etwas ruhig machen muss, ist damit nicht gemeint.

Außerdem ist es auch hier wichtig, den Hund zu beobachten! Wenn der eigene Hund zu viel Hektik neigt, ist es entscheidend, besonders bei neuen Auslastungsideen oder Sportarten zu schauen, ob dem Hund diese Art von Training gut tut, er anschließend entspannt ist oder hektisch und gestresst wirkt.

Neben einer sinnvollen Auslastung, einem Job, den vor allem aktive Hunde und Arbeitshunderassen unbedingt brauchen, dürfen wir nicht den Fehler machen und versuchen, den Hund nur noch durch Auslastung zur Ruhe zu bringen.

Training im Tierheim: Eine entspannte Leinenführigkeit ist das erste, was ein Hund lernt.

RUHETRAINING

Ruhetraining ist mindestens genauso wichtig, wenn es um energetische, extrovertierte Hunde geht! Straßenhunde machen das bis zu einem gewissen Grad von allein, indem sie viel beobachten, was im Endeffekt auch eine Art Ruhetraining ist.

Aber wenn eine Situation sehr spannend ist, eine Person Futter verteilt, eine läufige Hündin durch die Stadt läuft oder die „Kumpels“ sich zum gemeinschaftlichen Autojagen treffen, dann ist meistens Schluss mit Ruhe und Beobachten.
In den meisten Ländern auf unserer Welt ist das kein Problem. Auch Hunde mit Besitzern leben entweder an der Kette (dafür braucht es wenig Erziehung) oder laufen frei. Sie entscheiden selbst, wann sie kommen und gehen. Und wenn der Rüde der läufigen Hündin nachläuft oder bei Touristen bettelt, interessiert das selten jemanden.

In unserer westlichen Welt erwarten wir jedoch ganz andere Dinge von unseren Hunden.

Der Hund soll uns überallhin begleiten. Ins Café, zu Freunden, ins Restaurant, nicht selten auch zur Arbeit. Hier darf der Hund plötzlich nicht mehr zu jedem anderen Hund hinlaufen, bellen, Autos jagen etc. Also müssen wir solche Situationen konkret üben.

RUHIGES GEHEN

Eine der besten Möglichkeiten, um mit Hunden zu trainieren, aufregende Situationen ruhig zu meistern, ist, ruhig an diesen Situationen vorbeizugehen.
Ein Beispiel: Der Hund rastet aus, sobald er Autos sieht. Dann macht es Sinn, sich Orte zu suchen, an denen man einen beliebigen Abstand zur Straße wählen kann. z. B. eine Wiese neben einer Straße. Dort kann man wunderbar üben, mit Abstand zu den Autos mit dem Hund auf und ab zu gehen.

Warum gehen?

Durch die Bewegung des Gehens kann der Hund Stress besser abbauen, als wenn man mit ihm stehen bleiben würde. Optimalerweise nimmt man den Hund noch auf die abgewandte Seite zum Reiz. Der Mensch steht nun also zwischen seinem Hund und dem Reiz, in diesem Fall dem Auto. Diese Übung wird so lange ausgeführt, bis der Hund zumindest bei größerer Entfernung zu den Autos ruhig und entspannt an der Leine gehen kann.

Am nächsten Tag kann man sich nun etwas näher an die Autos herantasten und den Abstand verringern.

Wenn der Hund im Gehen trotz hoher Reizlage gut ansprechbar ist, dann kann man üben, ihn in diesen schwierigen Situationen abzulegen. Am Anfang reichen kurze Einheiten, in denen der Hund im „Platz“ liegen bleibt, später fordert man immer länger ein „Platz“ in schwierigen Situationen ein. Selbstverständlich sollte der Hund das Platz zuerst in reizarmer Umgebung zuverlässig gelernt haben.

All das sind sowohl tolle Impulskontrollübungen als auch Ruheübungen, in erster Linie aber Alltagsübungen. Sitzt man beispielsweise im Café, dann kann der Hund nicht alle zwei Minuten aufspringen, wenn er etwas Spannendes sieht.

BASISÜBUNGEN FÜR DEN ALLTAG

Solche Basics kann und sollte man mit allen Hunden trainieren, die man in den westlichen Alltag integrieren möchte. Wie alltagstauglich ein Hund dann tatsächlich wird, hängt aber nicht nur vom Training ab, sondern auch von der Genetik. Wie bereits erwähnt: Hund ist nicht gleich Hund. Ein Langhaar-Collie ist mit etwas Training, Ruheübungen und Auslastung meistens recht schnell ein guter Alltagsbegleiter. Trainiere ich nun aber den Kangal-Welpen exakt gleich wie den Langhaar-Collie-Welpen, dann kann ich nicht erwarten, dass ich anschließend dasselbe Ergebnis habe. Ich kann zwar auch einen Kangal erziehen, aber die Genetik wird immer den Rahmen vorgeben.

Leinenführigkeit und Ruhetraining sind die Basis für so vieles.

SARAH FINK – EIN LEBEN FÜR HUNDE

Mein Mann und ich reisen mehrere Monate im Jahr mit unserer Tochter und unserem Familienhund, besuchen Tierheime in unterschiedlichen Ländern und arbeiten dort mit den schwierigsten und unvermittelbaren Hunden. Ziel ist es zum einen, einzelnen „Worst-Case-Hunden", die sehr wahrscheinlich im Tierheim alt werden würden, durch Training eine Chance zu geben, aber auch – und das ist mir noch viel wichtiger – die Mitarbeiter und ehrenamtlichen Helfer zu schulen! Denn so ist das Training nachhaltig! Auf diese Weise können wir ein paar Extremfällen helfen und die Tierheimmitarbeiter wissen danach, wie sie solche schwierigen Hunde in Zukunft selbst trainieren und auf ein neues Zuhause vorbereiten können, auch dann, wenn wir schon wieder im nächsten Tierheim sind oder weitergereist sind, um Straßenhunde zu beobachten. Das komplette Training der Hunde filmen wir mit und genau diese Trainings mit echten Problemfällen sind in unseren Online-Seminaren und in der „Sarah Fink Academy"-App zu sehen.

Ursprünglich war ich selbst immer extrem gegen Online-Seminare und hatte meine ersten rund 900 Kunden deshalb lediglich „offline" auf dem Hundeplatz bzw. bei den Hundehaltern zu Hause. Jahrelang bekamen wir immer wieder Anfragen von Haltern, ob ich nicht Online-Seminare anbieten könnte, z. B. weil sie zu weit weg wohnen. Während Corona wurde die Nachfrage nach ortsunabhängigen Trainingsanleitungen zu unterschiedlichen Themen natürlich noch größer. Also habe ich zumindest begonnen, mit dem Gedanken zu spielen, Seminare zu Basics wie Leinenführigkeit, Hundebegegnungen, Rückruf, Ruheübungen etc. zu drehen.

In einem Studio mit meinem eigenen Hund etwas zu drehen, kam nicht infrage, weil alle Studios wegen Corona geschlossen waren und ich es so unauthentisch gefunden hätte, mit einem Hund ein Seminar zu drehen, der das, was im Seminar gelernt werden soll, eigentlich schon kann.

Mit Kundenhunden konnte ich damals auch keine Seminare drehen, da ich wegen der Corona-Maßnahmen monatelang nicht arbeiten durfte. Also haben wir die ersten Seminare in einem Tierheim in Kroatien aufgenommen. Dort gab es kaum Maßnahmen, wir konnten also problemlos trainieren und das Training mitfilmen.

Mittlerweile trainieren wir nicht nur jedes Jahr ehrenamtlich monatelang Hunde in unterschiedlichen Tierheimen und schulen das Tierheimpersonal kostenlos, sondern machen auch noch jedes Jahr Trainerfortbildungen in Tierheimen und spenden den kompletten Erlös an das Tierheim, in dem das Seminar stattfindet.

So viele Hundetrainer und angehende Trainer sagen, sie hätten sich in ihrer Ausbildung mehr Praxis gewünscht. Sie hätten gern mehr praktische Erfahrungen mit schwierigen Hunden gesammelt. Wo wäre also ein besserer Ort für eine Trainerfortbildung als direkt im Tierheim? Bei Kunden weißt du oft nicht, was dich erwartet, und wenn du zum ersten Mal in einen neuen Zwinger hineingehst, auch nicht. Du musst für diesen Hund in der entsprechenden Situation einen Lösungsweg finden. Genau diese Challenge jedes Mal aufs Neue und dann das Ergebnis, wenn Hunde, die sich nie anfassen ließen, plötzlich mit unseren Teilnehmern an der Leine gehen – das ist der Grund, warum es sich jedes Mal auszahlt. Das ist der Grund, warum ich meinen Job liebe.

Auf unserer Homepage unter dem Menüpunkt „Trainings“ sind sowohl unsere Online-Seminare als auch unsere „Sarah Fink Academy“-App zu finden: Während sich die Online-Seminare um spezifische Themen wie Leinenführigkeit und Hundebegegnungen, Rückruf und Freifolge oder um Ruheübungen drehen, besteht die „Sarah Fink Academy“-App aus einer umfangreichen Sammlung an größtenteils ungekürzten Mitschnitten aus dem mehrwöchigen Training mit unseren heftigsten Pflege-Angsthunden der letzten Jahre, aus mitgefilmten mehrtägigen Trainerfortbildungen im Tierheim und aus gefilmten Einzeltrainings mit Kunden mit Problemhunden zu verschiedenen Themen:
www.sarah-fink.com

ES GIBT SO VIEL, WAS WIR NICHT WISSEN – UNSER NÄCHSTES GROSSES ABENTEUER!

Das Ziel dieses Buches war für mich zu zeigen, wie unterschiedlich Hunde sind. Dazu wollten wir in verschiedenen Ländern Einblicke in das Leben von Hunden geben. Aber es gibt noch so vieles, was wir nicht wissen. So viele ungeschriebene und ungesehene Geschichten von Straßenhunden und auch von Arbeitshunden.

Um weiter in das Leben von Hunden einzutauchen, planen wir schon das nächste Abenteuer!

Als nächstes wollen wir die Panamericana von Kanada bis Chile fahren und uns in Kanada und den USA noch tiefer mit dem Leben von Arbeitshunden beschäftigen, z. B. auf Rinderfarmen.

In Zentral- und Südamerika werden wir wieder Straßenhunde tracken, allerdings werden wir dann den Fokus darauf richten, nicht nur kurz in das Leben von vielen unterschiedlichen Hunden hineinzuzoomen, sondern einzelne Hundegruppen über viele Wochen hinweg zu verfolgen!

Es bleibt spannend!

DANKSAGUNG

Der größte Dank gilt meinem Mann Stefan, der mich auch zum Lachen bringt, wenn vier Tracker in Folge gestohlen werden und ich schon kurz davor bin aufzugeben. Der mit mir, unserem Hund Yari und unserem Pflegehund Jess durch Rumänien gefahren ist und sofort da war, um zu helfen, als ich vor unserem Apartment einen angeschossenen Hund gefunden habe. Der mit mir zum Tierarzt gefahren ist und auf dem Weg noch acht Welpen von der Straße aufgesammelt hat, um dann anschließend mit elf Hunden weiterzufahren. Der mit mir mitten in der Nacht Straßenhunde beobachtet, statt im warmen Hotel zu bleiben und einen Kaffee zu trinken. Der es als völlig selbstverständlich hinnimmt, dass wir jedes Jahr die schwierigsten Hunde aus Tierheimen in Pflege nehmen und er dadurch nicht immer nachts gefahrlos zur Toilette gehen kann, weil ein knurrender Pflegehund im Weg liegt.
Stefan, mein Mann, den ich mit einem perfekt sauberen Auto kennengelernt habe und bei dem nun die Reinigungsfirma jedes Mal zum größten Reinigungspaket 20 Euro extra verlangt aufgrund der besonders starken Verunreinigung.

Danke Stefan! Du bist der beste Mann der Welt!

Ich möchte mich auch bei den ganzen Tierschutzvereinen bedanken, die uns bei unserem Tracking-Projekt unterstützt haben. Sei es mit Übersetzungen, dem Zeigen von Plätzen mit vielen Straßenhunden oder dem Erzählen der Geschichten der einzelnen Hunde!

Dasselbe gilt nicht nur für die Vereine, sondern auch für jede Person, jeden tierlieben Menschen, der sich um die Hunde kümmert und uns vertraut hat und unser Projekt unterstützt hat.

Es gibt noch so viel mehr Menschen und ich würde gern jeden einzelnen namentlich erwähnen, aber das würde den Rahmen sprengen. Darum DANKE an alle, die uns helfen in das Leben von Hunden hineinzuzoomen, um den seit Tausenden Jahren besten Freund des Menschen noch besser zu verstehen!

Bei der Firma Tractive bedanken wir uns herzlich, dass wir die Satellitenaufnahmen aus der Tractive-App in diesem Buch kostenlos abbilden dürfen.

ZUM WEITERLESEN UND WEITERKLICKEN

Empfehlenswerte Bücher aus dem Kosmos-Verlag

Feddersen-Petersen, Dr. Dorit Urd:
Ausdrucksverhalten beim Hund. Mimik und Körpersprache, Kommunikation und Verständigung.

Grewe, Michael u. Meyer, Inez:
Hunde brauchen klare Grenzen. Gesetze einer Freundschaft.

Grote, Maren:
Frust lass nach! Impulskontrolle & Frustrationstoleranz. Selbstregulation bei Hunden erfolgreich aufbauen.

Zum Weiterklicken

Besuche Sarah Fink unter:
www.sarah-fink.com
Instagram: sarahfink_official

SOCIAL MEDIA

Möchtest du wissen, was los ist? Insta-Lives, Podcast, Webinar-Ankündigungen, Zitate, Buchvorstellungen, Gewinnspiele, Takeover unserer Autorinnen und Autoren und vieles mehr gibt es auf unseren Social-Media-Kanälen unter:
instagram.com/kosmos.hund
facebook.com/kosmos.hund

Folge uns und werde Teil unserer KosmosHund-Community!

BILDNACHWEIS

256 Farbfotos von Sarah und Stefan Fink.
30 Farbillustrationen von Atelier Krohmer nach den Tracker-Daten der Autorin.
28 Satellitenaufnahmen aus der Tractive-App mit freundlicher Genehmigung von Tractive.

IMPRESSUM

Umschlaggestaltung von GRAMISCI Editorialdesign, Isabelle Fischer unter Verwendung von Farbfotos von Sarah und Stefan Fink.

Mit 258 Farbfotos und 30 Farbillustrationen

Gedruckt auf chlorfrei gebleichtem Papier

ISBN 978-3-440-18186-7
Redaktion: Ute-Kristin Schmalfuß
Gestaltungskonzept: Peter Schmidt Group GmbH, Hamburg
Gestaltung und Satz: Atelier Krohmer, Dettingen/Erms
Produktion: Angela List
Druck und Bindung: Westermann Druck Zwickau GmbH, Zwickau
Printed in Germany / Imprimé en Allemagne

FSC
www.fsc.org
MIX
Papier | Fördert gute Waldnutzung
FSC® C110508